在蘋果，我們以簡單為主

애플에서는 단순하게 일합니다

Meta擴增實境硬體顯示開發團隊經理
朴志秀——著
葛瑞絲——譯

目錄

第二章

在蘋果，攻擊是最好的防禦……53

第三章

齒輪一樣無懈可擊的執行力……85

第四章

第五章

第六章

你要不忍，要不就滾……171

結語

推薦語

「世界上最不簡單的企業，是因為學會了簡單。」這是我看這本書的想法。呈現在產品端與消費者手上的簡單，背後的細膩、衝突、堅持，都由作者角度的紀實整理而呈現。沒有過多的歌功頌德，有會議過程、主管原則、實戰做法、作者檢討，讓我們可以與自身工作經歷相互印證，嘗試找到讓自己更好的可能。

能夠一探世界頂尖企業的工作方式，而且是戰地報導般的真實，光是這點就足以讓我買單！而且不論作者或譯者都是文筆簡潔易讀，不虧是蘋果出廠設定！推薦給大家。

——精實管理顧問／江守智

讀完這本書，保證你的心境會和我一樣，文章裡面的字字句句，都會變成一面大鏡子，反射到你的工作，然後藉由思考與比對，找出屬於自己的價值觀。

工作是「效率」與「效能」的結合，最終達成的目的就是「效果」。這是我常常會和同事分享「三效合一」的職場學。蘋果之所以偉大，與公司團隊夥伴知道如何追求這三者的綜效成果，有絕對關係。

「打破砂鍋問到底，還問砂鍋在哪裡」，也是我會跟同事耳提面命的做事態度。「追求卓越，精益求精」，是這本書給我最大的啟發。我誠摯推薦給想要在職場發光發熱的你來好好閱讀。

——NU PASTA 總經理、職場作家／吳家德

從事國際獵頭的工作來到第十五年，每次都一定會聽到大家討論外商的高薪與福利，並想盡辦法投遞履歷，爭取面試機會。但是想要進外商，你必須先了解

他們的找人規則。這些外商公司在選擇與企業文化匹配的人才時，會在面試關卡中測試人選的即戰力、邏輯能力，以及作為團隊成員的適合度。舉例來說，在蘋果的世界裡，沒有「我不知道」、「不可能」或「我做不到」。員工必須有心理準備，隨時面對突發的高壓考驗，並且可能因總部策略改變，而立即制定ＡＢＺ計畫（按：由 Linkedin 創始人雷德・霍夫曼〔Reid Hoffman〕提出的概念，指任何時候，圍繞職業規劃都要有ＡＢＺ三個計畫）。

如果你能讀懂企業的文化氛圍，那麼在面試關卡中，你就能將這些元素置入在答案中，進而更符合面試官的期望。就像本書以蘋果公司為例，帶你深入了解外商的生存文化，也同時提醒你在光鮮亮麗的外資體系下，隨時都要面對突如其來的挑戰與極限壓力，每個人都必須時刻準備應對爭論、接受高標準要求，並與業界頂尖菁英共事。因此，如果你渴望進入外商，這本書將幫助你掌握其運作邏輯，提早準備，迎接挑戰。

唯有了解整個組織運作的風格，才能設計出讓面試官感到驚豔的答案。如果你想進與蘋果規模類似的外商，本書藏了許多細節，帶你入門！

——國際獵頭／Sandy Su

我曾在一間知名的餅乾工廠當作業員，這份工作難在要記得禮盒裡的餅乾數量和擺放位置，同時要適應同事間複雜的人際關係。為了讓工作變得有趣，我會想像這是一場遊戲，需要尋找方法破關並升級，我想這就與此書分享的一樣，透過更多高效有意義的工作處理法，讓職場戰鬥力提升並感到相當有成就，就能更有自信地迎接下一個挑戰。

——職場觀察插畫家／阿星

各界讚譽

像是映照出鏡中的自己那樣，希望你能透過這本書，反映出自己現在工作的樣貌。無論是誰，只要你正在尋覓一個更好的面貌，這本書都很有幫助。

——高奉植（大成 Celtic Enersys 代表理事）

這本書揭露了蘋果的內幕。雖然敘述並不華麗，卻包含了賈伯斯的經營哲學、為了實行該哲學而經歷的過程，以及工程師的悲歡。

——金英坤（瑞薩半導體資深總監）

所有想了解蘋果這間國際公司的力量根源、創新方向的企業家，我建議你們都讀過一遍。

——金智庸（浦項鋼鐵社長、未來技術研究院院長）

作者並未美化蘋果的成功，而是如實呈現蘋果員工如何在不間斷的壓力中，帶著挑戰精神工作。如果想要了解蘋果商業戰略，一定要讀這本書。

——金哲均（島山學院院長，前韓國網路專家協會會長）

這本書描繪了蘋果的經營哲學如何展現在組織文化中。不僅是商業人士，我強烈建議所有領域的專家閱讀這本書。

——呂元東（NHN Edu 代表理事）

作者在世界級公司孤軍奮戰的真實自白和生動經驗談，能為準備就業的學生以及想要擁有工作頭腦的上班族，帶來很大的靈感。

——李尚遠（韓華證券新加坡法人代表）

這本書是在蘋果公司為數不多的韓國工程師的生存日記，是相當珍貴的資料，能幫助讀者理解世界級公司的文化，並在其中獲得成功。

——李重健（匹茲堡大學機械材料工程系教授）

對於未來領袖、創新者和技術愛好者來說，本書能帶來的不僅是單純的閱讀體驗，而是實際的應用指南。如果想在蘋果這種一流公司工作，這本書是最佳的準備工具！

——崔振英（SM Institute 代表，前 Digital Daesung 代表）

（編按：SM Institute 為國際藝術教育機構，SM 娛樂為主要創辦人）

序

世界上最神祕的公司——蘋果

在矽谷做工程師不知不覺已經二十個年頭了。回想起來，每一天都是為了生存而拚命燃燒生命。在這段期間，我做過的每間公司都聚集了全世界最頂尖的工程師，如果要在與他們的競爭中生存下去，就必須比他們更多思考一次、更快一步行動，這樣一步一腳印走過去，我得到了所有工程師都夢寐以求的——蘋果公司（Apple Inc.）的工作邀請。

然而，我並沒有欣然答應面試，因為很多在蘋果工作過的人都說，只有耐操的人才能在蘋果撐下去，連我的前同事也說，他跳槽到蘋果後，健康狀況急速惡化，有好一段時間都得吃藥；也就是說，雖然這對我來說確實是個好機會，但許多因素讓我猶豫不決。

我決定先聯繫蘋果人資，聊一聊再說。蘋果開給我的職缺位於可靠度工程（reliability）部門，這和我的資歷非常契合，和人資聊得越多，我對蘋果的好奇心就越旺盛。最重要的是，數十年來我在美國和韓國多家科技公司的工作經驗，讓我對於「世界一流公司的祕密」有滿肚子的好奇，我覺得這次似乎能找到答案，於是，我最終決定參加蘋果的招聘面試，並在幾輪面試後加入蘋果。

眾所周知，蘋果是「尖牙股」（FAANG，指Meta〔前身Facebook〕、蘋果、亞馬遜〔Amazon〕、網飛〔Netflix〕、谷歌〔Google〕）的美國大型科技公司之一。二〇二三年上半年股價市值約二．七兆美元（約新臺幣八十六兆元，是三星電子的八倍），全世界有超過二十億人使用iPhone。

史蒂夫．賈伯斯（Steve Jobs）和史蒂夫．沃茲尼亞克（Steve Wozniak）在車庫創立了蘋果公司，二十歲出頭的兩人在出售二手電腦和二手車後，以賺來的一千三百美元作為創業資金，之後推出Mac系列與麥金塔（Macintosh），引領了個人電腦的革命。一九八五年，賈伯斯離開了蘋果；後來在一九九七年回歸時，他以 iPod、iPhone、iPad、iCloud 等產品帶動技術革命，使蘋果成為最創新公司的代名詞。

然而，他在二〇一一年因胰腺癌離世，各國外媒紛紛預測蘋果股價將會下跌。不過，結果顛覆了他們的預測——蘋果以 iPhone 生態系為踏板，將事業擴展到了服務領域。截至二〇二四年上半年，蘋果藉由這些服務，穩住市值三兆美元的威嚴，堅守任誰也無法否認的矽谷霸主地位。

迄今，賈伯斯已經離世十多年，但關於他和蘋果的書籍仍在持續出版，這也證明了很多人仍對賈伯斯的經營哲學和蘋果的工作方式感到好奇。

出於相同原因，我也讀了好幾本書，不過，那些書大多是由未在蘋果工作過的外部人士所寫，由於他們沒有實際的內部工作經驗，所以並沒有提到蘋果的經營哲學和處理業務的方式。

以某方面來說，考慮到蘋果嚴格的保密文化，這種情況是可以理解的，但我覺得，如果能由曾在蘋果工作的人來介紹賈伯斯的經營哲學和蘋果的工作方式，那就再好不過了。

對於想把工作做好的人、想將自己所屬的團隊打造成一流人才的管理高層。以及正在準備創業的人來說，肯定會有很大的幫助，所以，我寫這本書的動機，是為了向許多人分享我在蘋果孤軍奮戰中，親身學到的賈伯斯遺產和蘋果的工作方式。

在蘋果工作太辛苦的時候，同事之間都會開玩笑：「**在蘋果一年，等於在一般公司待六年。**」蘋果的業務量龐大到一般公司員工無法想像的程度。從很小的地方說起，像是每天要回覆的郵件超過一百封、平均要參加至少四到五場會議，開會前還要進行多次事前會議，當然，在會議前預先分析大量資料和數據，只是基本工作罷了；不僅如此，還要與設計部、產品設計部、工程部、行銷部、零件供應商密切合作（無法想像這當中會產生多少摩擦）。

然而，沒有任何一個人抱怨，而是處理得迅速俐落。這一切的祕訣到底是什麼？就是「**簡單**」。蘋果公司的員工全都以簡單的方式工作，從創意發想到實現革命性產品和服務的整個過程，他們都以非常有效的方式處理複雜的決策。

「簡單比複雜更難。如果要整理自己的想法、做得很簡單，就需要非常努力，但這是值得的。一旦達到簡單，就可以移山。」

——史蒂夫・賈伯斯

我在蘋果親身體驗並學到賈伯斯的經營哲學——簡單，並把在公司學到的一切都寫進這本書裡。雖然產品開發技術相關插曲牽涉到法律問題，無法全部生動地記錄下來，但我還是原原本本地收錄了所有上班族最好都能知道的工作技巧，甚至是值得作為反面教材的部分。希望這本書能成為讀者在各自的工作崗位上，擁有做事頭腦的第一顆墊腳石。

第一章

不同於其他大企業的職能式體系

1 內部組織：以創新為導向

我任職於蘋果時，公司的營業額為四千億美元（按：約新臺幣十三兆元），員工達十六萬人，但這家大型公司卻像一個事業體一樣行動。一般公司會根據產品類別（事業體）分成不同的職能團隊，但蘋果不一樣，執行長之下又分為設計、工程、行銷、製造、零售等，是以職能分類的組織（請參考下頁表 1）。

前者的情況是，每個事業體各自像獨立的公司那樣經營，統計各事業體的營業額、利潤及虧損。從執行長的立場來看，依照事業體來經營，指派責任歸屬，或許更有利於經營龐大組織。

相反地，蘋果由不同職能的專家組成，分為「業務工程師、經理、資深經理、總監、資深總監、副總裁、首席副總裁」，共同負責公司的銷售、利潤和損失。

表1　一般事業體組織（上）和職能式的專家組織（下）

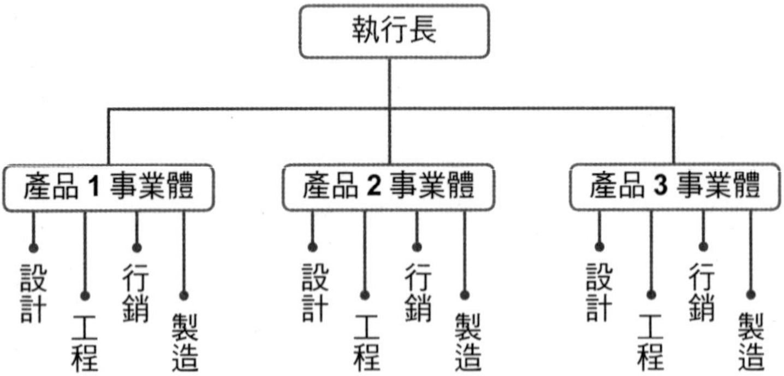

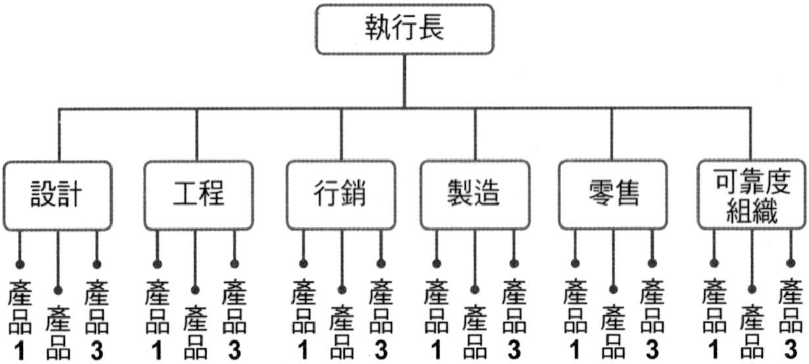

比方說，我所屬的可靠度「組織」（組織會整合特定功能，組織底下再按產品類別分為許多團隊）負責評估蘋果產品核心零件的可靠度（除了iPhone、Apple Watch、MacBook，還包含手機殼、錶帶、充電插頭）——任何零件、產品或系統等在任何條件下都不會故障，而是能在一定時間內維持最初的品質及性能的特徵評估——並分析其標準和故障等；因此，對於職能式專家組織來說，可靠度組織累積的各種知識、經驗、資訊和解決問題能力，是創新方面非常重要的資產。

在這之中，我負責iPhone顯示器的可靠度評估，每週都會開會，在這種週會上，負責人會以各種可靠度評估經驗值為基礎，提出尖銳的問題和想法。得益於此，大部分問題的線索都來自可靠度組織，舉例來說：

「這個問題可以請教MacBook團隊的詹姆斯，他以前用新的實驗方法解決了可靠度評估中可能出現的電線腐蝕問題，應該會對這個問題有幫助。」

「其他產品也有類似的故障問題，原因是當時製程中出現的特定雜質。你們為什麼沒有對雜質做進一步的化學分析？」

「要以統計分析來預測實際產品的不良率才能得出結論。製造組的傑森有類似的統計分析資料，請向他請教後，在本週內報告可預測的不良率。」

「請打聽看看，使用同樣供應商零件的其他產品，是否也出現類似的結果。」

蘋果開發全方位產品已經有很長一段時間，過程中累積的經驗和專業知識，形成職能式專家組織創新的基礎。

解決 Apple Watch 問題的經驗，有助於開發 iPhone；開發 MacBook 時取得的試錯結果，帶給開發 Apple Watch 的工程師靈感……這種影響力不僅出現在可靠度組織，在首席副總裁旗下的設計、行銷、工程、製造等職能式專家組織中，都出現同樣的動力。

蘋果並不是打從一開始就以職能式組織運作，將事業體系依職能重新劃分的不是別人，正是賈伯斯本人。一九九七年，他以執行長身分回歸蘋果時（按：賈伯斯曾在一九八五年辭去蘋果董事長一職），蘋果的事業結構仍是依產品分類，但賈伯斯回歸後立即解雇了各事業體組織的負責人，然後將整個公司重新依職能劃分，自己則親自指揮團隊；而且他不是根據績效評估各事業體，而是將整個公司視為一體來評估績效。

與此同時，他還建構出領導職能式組織的各個首席副總裁，成為以賈伯斯為中心、根據公司的方向和策略做出重要決策的體系。

賈伯斯相信，要以職能式組織取代事業體組織，這樣的經營方式才能創新。倘若按事業體經營公司，勢必會集中於事業體本身的短期績效，而非根據公司大方向開發創新產品，那麼，最終會專注於用較低的成本，讓事業體利益最大化；一言以蔽之，比起創新，公司會更著重於賺錢。賈伯斯確信，那樣的組織體制絕對不可能創新，也無法改變當時蘋果即將破產的未來。

話說回來，我們也不能保證職能式專家組織型態就一定能創新，不過，只要是曾在公司內部工作過的人，應該都經歷過組織內部的衝突，以及違反全體利益的利己主義。賈伯斯應該也領悟到，若要將全體員工的能力集中投入在公司利益和方向上，選擇職能式組織才是最好的方法，而且這樣的決定成了蘋果起死回生的契機。

2 嚴苛的甲、乙方順序

我所負責的可靠度評估業務，必須評估消費者在使用產品期間，產品是否維持原有效能，要是故障，就要分析原因並加以解決。假如消費者購買不久後，產品效能就變差或故障，那麼顧客將不再購買該公司的產品。因此，可靠度對消費者的滿意度，乃至品牌聲譽和價值都有著決定性的影響，所以企業在設計和開發產品的階段，就必須徹底找出問題並完美解決。

可靠度負責人從產品開發階段到設計、選材、零件功能與製程，甚至量產階段，都會與各個團隊全面合作，得益於此，我才能迅速理解蘋果的工作方式和特性。我在蘋果第一次開會時，就發現這間公司的特色是分工明確的業務順序。比方說，在與產品設計部和工程部開會時，產品設計部會向工程部提出近乎無禮的要求，使工程部處於劣勢、招架不住；我感覺得出來，工程部其實已經使出了渾身解數。

雖然組織表上不會寫出來，但實際執行業務時，可以明顯看出兩個部門的從屬關係。業務負責人之間的會議就更不用說了，產品設計部的總監報告會議，氣氛可謂如履薄冰，這場會議的主題，是產品設計部要求工程部改善開發中的產品，所以他們會在會議上提出犀利的指責與尖銳的問題。這種氛圍源自以賈伯斯的經營哲學建構的業務順序。

「設計會引領技術，而技術應該提出能讓設計成真的技術性解答。」賈伯斯認為，簡單是細膩的極致，因此致力於製造優雅、細膩且便於用戶使用的產品，為了有效推動這個過程，各部門謹守這樣的氣氛。

「請在本週五的會議上報告工程部開發現況、主要問題及針對各問題的改善措施，尤其要包含改善措施的驗證日期，然後將明確的收斂（convergence）方案分享給我們。為了讓我們能在開會前討論，請在週四前提供最終簡報。」

那麼，工程部就會與專案經理（協調不同部門間的合作，調整專案開發及實行日程的負責人）及核心成員（由專案經理和十五名左右的業務負責人組成）一起召開事前會議，討論如何回應產品設計部的要求。

專案經理會迅速整理開發過程中發生的問題，並準備簡報，工程部負責人則依問題類別分析問題原因，整理出應對方案，做成一頁式簡報（One Pager）和備忘稿（backup slide）。在事前會議上，各負責人以準備好的簡報為基礎，像是實際在產品設計部總監面前報告那樣預演。

這時，業務負責人會提出犀利的問題，預演實際報告時的提問，並針對該如何應對激烈爭論，過程中沒有人會在乎別人的目光並擔心：「我問這個問題，別人會怎麼想？」透過事前會議，一切就能準備得萬無一失。

會議上會問的問題包括：

◆「你認為這個假設是正確的，是根據什麼數據？請拿出支持這個假設的數據。不要自己猜測，應該要以數據為根據來討論。要是產品設計部問這個問題，你打算怎麼回答？」

◆「簡報上寫著下一階段的檢查點是一週後，為什麼需要一週的時間才能得到結果？請要求零件供應商更早提供。」

◆「故障原因是材料瑕疵還是物理性損壞，責任歸屬和改善措施會因此而不同。請用一頁式簡報寫出如何分析各種情況下的故障。為了配合專案的日程，請在下週前提出結論。」

◆「在提出問題之前，請先將整體策略的摘要表格放在簡報上，這樣才會給人一種你處理問題很有系統的印象，而且問題的解決方案也會更明確。修改後明天再報告。」

◆「簡報中提出的問題，根本原因並不明確，可以再具體說明是什麼部分引起問題嗎？還是你也不知道原因？」

◆「你想要透過一頁式簡報傳達的核心是什麼？如果要在產品設計部面前報告，這種資料的水準太差了，而且還有很多漏洞。回去重新整理問題的原因，下午再報告。」

◆「報告的時候，簡報播放速度太快了。你要先清楚說完想透過圖表傳達的內容，在切換到下一張簡報前，先讓總監提問，留時間讓他確認想知道的部分。」

◆「表格上面一定要加標題，而且不要把表格放在一頁式簡報上，最好放在備忘稿中。」

◆「你的簡報有錯字，不是『validete』，是『validate』，還有，簡報裡的字太多了，要以核心資訊為主，整理得更簡潔，表格框線的顏色也太深了，我看得很不順眼。」

對工程部來說，和產品設計部開會簡直就像打仗。即使是在蘋果工作很久的工程師，一旦自己的專案變成重要的案子，也會非常緊張，因為要是無法有邏輯地回答產品設計部提出的犀利問題，就會一直處於劣勢；總而言之，產品設計部是「甲方」，工程部則是「乙方」。

舉例來說，開會時如果更新內容不夠完善，產品設計部就會在整場會議上不斷訓斥工程部，使得工程部不得不在下次開會前，拿出能讓產品設計部滿意的結果，沒有任何方法可以草草了事、敷衍帶過。

「請找出今天討論的措施項目的明確答案，並在下週前報告。講白一點，就是要在那之前消除危險因素。」

為了達到產品設計部要求的可靠度評價，我通常至少會和工程部開兩到三次事前會議。如果發現還不夠完善的地方，就要持續向零件供應商索取資料來研究，同時夜以繼日地跟合作的業務人員交換意見來改善簡報（**為了開三十分鐘的會議，至少要準備四到五個小時**）。

產品設計部的角色，是在技術上滿足設計部的要求，因此他們會設計出能配置、組合顯示器、照相機、電池、感應器等主要零件的方法。在這段過程中，工程部的角色則是以產品設計部要求的產品設計和技術需求為基礎，與零件供應商協力尋找技術解決方案。透過這段過程，能解決開發產品的技術問題，最終確定量產產品的設計、功能、材料、零件，之後再由製造部改善製程，將良率（生產數量中良品的比率）最大化，然後搭配上市日期，開始生產。

一般公司的業務順序與蘋果恰恰相反，設計附屬於技術，由工程部統籌新產品中要出現的功能，產品設計部和設計部則是他們的後援。由技術引領設計的公司和由設計引領技術的公司，兩者的差異看似單純，但如果比較兩者實際開發產品的過程和上市產品的水準，就會發現差異極大。

在由設計引領技術的蘋果，產品設計部是甲方，工程部是乙方，乙方得根據甲方的要求，提出技術解決方案和替代方案，並為了得到甲方的正面評價竭盡全力。和我合作過的工程部人員一致認為，與產品設計部開會最為難熬，但我們還是花了大量的時間和精力準備會議。

不過，還有一層關係比這更有趣，就是產品設計部和設計部之間的關係。產品設計部與設計部開會時，角色與先前完全顛倒，因為設計部會催促產品設計部滿足自己的要求，因此，產品設計部就跟工程部一樣，會為了能完美應對設計部的要求而做到萬無一失的準備。在工程部面前扮演甲方的產品設計部，在設計部面前又成了乙方，如此嚴苛的業務順序讓蘋果成為擅長創新的企業。

3 沒有「不可能」，拿出方法來！

有一位技術開發總監，在向副總裁報告專案初期階段現況時表示：「我們要開發的目標功能，似乎不可能透過相關設計來實現。」

副總裁回答道：「真是的，蘋果製造的產品和技術中有容易的嗎？要是那麼好做，我為什麼要雇你來做這件事？」

蘋果追求的設計核心是深入理解產品本質、主要功能及用戶體驗，然後以相當時尚的美感簡化複雜的裝置。在這段過程中，工程部的任務是在技術上滿足這些要求，因此工程部受到產品設計部和設計部的控制，承受著必須滿足他們要求的巨大壓力。但諷刺的是，就是這種內部壓力，才讓蘋果擁有卓越的技術創新和品質。

這種緊張感源於「我在這領域最頂尖」的自豪感，以及想要捍衛自己名聲的迫切感。舉例來說，顯示器部門負責開發 iPhone、iPad、MacBook、Apple Watch 等所有產品的顯示器。因此，關於蘋果產品顯示器的所有問題，顯示器部門都得提出解決方案。如果是專家，就應該展現出最棒的實力和與實力相當的結果，做不到這些的員工，在蘋果毫無用武之地。

「雖然時間很晚了，但我有件急事，所以還是跟你聯絡。明天的總監報告會議上，根據上次討論的問題，我得提出解決方案和下一步，但是我實在毫無頭緒，苦惱了好幾天。我是抱著抓住救命稻草的心情來拜託你的，請你一定要幫幫我。」

快到午夜時分，工程部一位同事傳來訊息，問我能不能跟他通話。電話接通後，他就連珠炮似地說了起來。他說供應商出了點問題，使得新產品所需材料的機械性特徵評估被推遲，但已經不能再延後了，所以希望至少能使用公司內部可靠度組織的設備進行間接評估，讓他至少能交出評估結果。他會這麼急，是因為他怕被總監追究。

由於事態緊急，我無論如何也希望能多少幫上一點忙，不過他的點子太荒謬，令我懷疑能否取得他想要的結果。這是因為蘋果並沒有相關設備，只能進行間接評估（測量其他特徵，間接推測出目標特徵的數值），而且如果真的要那麼做，必須由人工的方式操作，耗費的時間也不容小覷。

況且，即使得到結果值，也很難保證評估的有效性，稍有不慎就會徒勞無功。經過一番深思熟慮後，我還是決定幫助他，從凌晨開始到第二天傍晚左右，我都跟這個不確定的測試奮鬥著。幸運的是，他起碼能在會議上報告間接結果，表示事情正在進行中。

在蘋果，有幾句話絕對不能對上司說——「我不知道」（I don’t know）、「我做不到」（I can’t），還有「不可能」（It’s impossible）。即使當下無法提出解決方法，也應該能夠說出在目前的情況下可行的對策，以及為此需要什麼。在上司面前說「我不知道、我做不到、不可能」，無異於在說：「我沒有能力，在蘋果是毫無用處的人。」

在進入蘋果之前，我待過幾家其他公司，那裡的工程師很常說：「我是這個領域的專家，這在技術上是不可能的。」他們會劃分做得到和做不到的事情，然後只會在所謂「專家」認為可行的範圍內設計並開發產品，但這種類型的專家無法在蘋果立足。只有在面對看似不可能的事情，仍能提出對策的人，才會在蘋果被視為專家，畢竟，在這裡沒有一件事是能輕易達成的。

賈伯斯生前親自參與、唯一授權的傳記《賈伯斯傳》（*Steve Jobs*），由華特・艾薩克森（Walter Isaacson）撰寫，其中就有幾個故事刻畫出蘋果這種氛圍。當初在蘋果開發圖形使用者介面（讓用戶利用圖示等視覺圖像操作電腦的方式）和滑鼠的時候，賈伯斯強調要能夠行雲流水般地滑動，不是簡單的水平或垂直移動，而是建構出可以輕鬆往任何方向移動游標的滑鼠。為了達成這個目的，需要用軌跡球來取代既有的、帶著兩個轉輪的滑鼠。

當時在蘋果負責開發滑鼠的工程師，告訴開發圖形使用者介面的比爾．艾金森（Bill Atkinson），以商業的角度來說，根本無法製造這種滑鼠，艾金森直接將此事跟賈伯斯報告。隔天，那位工程師就被解雇了。接替他的另一位工程師，一見到艾金森就緊張地說：「我能做出那種滑鼠。」

FIR
finite impulse response

$$H(z) = \sum_n \omega_n z^{-n}$$

$$y[k] = \sum_n \omega[n] \times [k-n]$$

4 工作能力強的員工，都享受爭論

前面提過產品設計部和工程部之間煎熬（？）的關係，但我想要明確點出，這並不是單向的。雖然兩個組織的基本相處模式，是工程部必須滿足產品設計部提出的技術要求，但在解決技術問題、做出重要決策的會議上，兩個部門都可以自由發表意見。

要這樣才能讓不同組織互相牽制、達到平衡，並合作推動創新，進而在做出跟產品開發有關的主要決策時，明確區分責任歸屬，也避免在制定產品開發方向和解決方法時，有某一方過於獨斷。

在蘋果，要求業務負責人更仔細地說明並不無禮，在聽到滿意的答案之前，更該不斷提問：「為什麼會變成那樣？怎麼得到那個結論？如果無法得到你預

期的結果值，該怎麼辦？」這樣才稱得上是訓練有素的工程師。

另一方面，接受提問的業務負責人也保持沉著，對接連不斷出現的問題提出有邏輯的解決方案和對策，這樣才能稱得上是真正的專家，不過，大部分公司的負責人卻不是這樣，人們普遍認為，在會議上一直提問、確認合理性，會造成對方不悅、是該道歉的事情，甚至會覺得這種行為是在公司內樹敵。原本我也習慣了那種企業文化，所以剛開始在蘋果工作時，對於雙方在會議上緊咬不放、追問哪個方向更正確的情景，受到了很大的衝擊。

舉例來說，當產品設計部要求工程部針對特定的技術提出解決方案時，只要出現一點邏輯漏洞，工程部就會立即提出異議，好像他們一直在等待這個機會一樣，他們會緊咬漏洞不放、持續爭論。

要是在開發階段時可靠度評估出現故障，工程部就會說故障原因是產品設計錯誤；相反地，產品設計部則會拿出事例，表示明明是相同設計，卻只有特定供應商製造的零件才出現故障，並認為那是零件製程的問題。這種爭論一天之內會上演好幾次。

有一次，我為了參加每週的總監報告，正在準備開發中產品的顯示器可靠度評估結果和分析資料。那時為了製作簡報，我與負責案件的工程師協調意見，一直工作到凌晨，後來我發現疑似與產品設計相關的故障；如果故障的原因是產品設計出錯，那麼當然要由產品設計部提出解決方案。總之，到會議當天，我都還在與顯示器業務人員反覆討論，直到開會前三十分鐘才好不容易完成了簡報。

然而，就在報告前十分鐘，產品設計部傳了訊息。在產品設計部和工程部負責人都在的群組聊天室中，產品設計部要求延後與該故障有關的報告；他們的意思是，與其急著針對不明原因的故障下結論，不如多花一點時間確認分析結果再報告。

他們會這麼說，是想要阻止我們草率地向總監報告「故障問題疑似是產品設計部的責任」，並讓這件事浮上檯面。然而，工程部對此表達強烈不滿，工程部可能會因為沒有及時報告問題而受責備，所以希望我們立刻提出，當然，工程部也想突顯該故障原因並非出於自己。

在總監報告會議即將開始的前一刻，兩個部門都傳了幾十個訊息，但我的可靠度評估故障簡報已經包含在重要報告之中。當兩個部門在群組內展開激烈攻防戰時，距離我要上臺的時間，也一分一秒地減少；眼看再過一分鐘，我的簡報就會出現在投影幕上，而在聊天室裡，對於該不該向總監報告可靠性評估發現的故障，雙方依舊爭論不休。

「故障原因的分析結果很確定不是顯示器本身的問題，而是與其他零件組合時發生了問題。應該要傳達給總監，採取措施，矯正設計問題。」

「你只是根據部分數據的分析結果來推斷原因，我無法同意。那樣的報告太片面了。下週還會有其他結果，綜合分析後再下結論吧！」

「那麼，這與目前為止的分析結果不同，又該怎麼解釋？如果你有其他點子或假設，請提出來，我們隨時都可以討論。」

「其他廠商製造的零件，目前為止並沒有出現同樣的故障問題吧？請記得，你還忽略了這部分，這並不符合我們模擬的結果。零件在製造過程中可能會產生問題，但目前還沒有相關的模擬結果。難道不該放在一起討論嗎？」

作為可靠度評估負責人，夾在中間的我左右為難（可靠度組織的立場並不屬於任何一方），我反覆握緊又張開已經滲出汗的手掌。這時，專案經理察覺到情況不對勁，便迅速刪除了我的部分，於是，投影機自動投出下一位報告者的簡報，直接跳過了我，彷彿從一開始就不存在一樣。結果就是，按照產品設計部的要求，我的可靠度評估報告被延後了。

雖然這是理所當然的，但我還是得說，各部門的副總裁都非常討厭自己的部員聽從其他組織的要求、被牽著鼻子走。無論是什麼事情，只要是其他組織提出的要求，他們都希望部員能質疑這些要求，質問是否合理，並提出能支持自己部門主張的數據和結果進行爭論。

因此，副總裁會重用那些能在爭論中貫徹部門意見的人員。實際上，有些副總裁曾公開表達對組織內中階管理者的不滿。「我不是為了讓你順應其他部門的要求，才讓你坐在那裡的。」不久後，那位中階管理者就被換掉了。這結果很符合蘋果的企業文化。

另一方面，副總裁偶爾也會表現出令人意外的態度，藉此引導總監和經理反駁自己的想法、與自己爭論，因為在這種情況下，**只要觀察大家是怎麼回答的，就能一眼看出誰是有能力的員工**。這時，沒有提出意見、沉默不語的總監或經理，等於是將自己的無能在副總裁面前展現得一覽無遺。這是因為，透過這樣的爭論，能夠自然而然地得出更好的結果和想法，讓組織方向匯集在一起。

我在進入蘋果不久後，曾與經理一對一面談，當時我簡單說明自己負責開發的專案現況並報告問題，也一併報告了目前仍在分析的特定故障原因，可是那時經理卻提出了和我不同的意見，並固執地問我：「為什麼你會那麼想呢？如果要否定那個邏輯，需要什麼樣的數據？你怎麼思考這樣的可能性？你忽略了好幾個假設，你的想法只有這些嗎？」

面談結束時，他似乎同意了我的大部分意見。不過，幾天後再次討論相同內容時，他卻提出完全不同的意見，然後再次詢問我的想法。剛開始我很困惑，甚至懷疑他是不是故意要找我吵架，然而，過了一段時間後，我察覺經理是故意提出與我相反的意見，評估我聽到他的看法後會如何反應，甚至能否在有壓力的情況下，慎重考慮其他可能性。

後來才發現，所有我參加的蘋果會議，強度都比這大得多，因此，一開始我甚至會害怕開會。可是，我不能一直害怕下去，於是，我更加努力搜索、檢視能支持自己的客觀資料，也養成了說話前多思考一次的習慣，確認邏輯上沒有漏洞再發言。

不僅如此，我也會傾聽其他成員的意見，積極尋找可以一起討論的部分。這樣做著做著，我發現跟想法不同的員工激烈爭論變得很自然，也明白得經過這段過程才能找到最好的解決方案，真正實現創新。

現任蘋果執行長提姆．庫克（Tim Cook）在二〇二三年接受《GQ》採訪，提到他從賈伯斯身上學到的一件事：「我喜歡賈伯斯的原因是，他不會只期待公司某個團體要創新或提供創意，而是期許所有部門都能革新、提出點子，因為從根本上來說，我們設計的產品得由自己製作。」

二〇一一年，庫克頂替罹癌的賈伯斯擔任執行長，那時人們都說蘋果的時代已經結束，因為主導亮眼創新的賈伯斯已經從蘋果消失。不過，賈伯斯在離開前，留給蘋果一項偉大的遺產，就是透過爭論來創新。

這一遺產在蘋果所有部門都占據一席之地，深遠地影響員工面對工作的方式，而這正是蘋果能打消所有人的憂慮、在賈伯斯去世後仍位居一流地位的原因。

第二章

在蘋果，攻擊是最好的防禦

1 何謂卓越？壓得住同事、也能壓制上司

在進入蘋果之前，我已經在韓國兩家大企業及美國三間跨國公司累積資歷。多虧這些經驗，我才能體驗到各式各樣的企業文化，其中，蘋果的企業文化最為特別，又被稱為——完美主義。

從公司結構來看，副總裁會要求總監和經理要做到完美，而經理會要求業務負責人要做到完美，業務負責人則要求其他部門的負責人要做到完美，這不僅是對成功瘋狂的特定人物才會表現出來的信念，蘋果的每個員工都希望彼此完美。這在蘋果是相當自然的企業文化。那種以和為貴、草草了事的敷衍態度，在蘋果反倒是尷尬且不自然的做事方式。

就連在蘋果組織生態系裡最底層的業務負責人，開會時也一定會追求完美。

在簡報中，哪怕只是出現一點小漏洞，他們也會尖銳地提問，因此即使是自己最了解的領域，也要不斷接收並學習最新資訊，否則肯定會落後，還會在不知不覺間被同事們貼上「沒有能力」的標籤。

在剛開始擔任業務負責人的員工中，經常有人問：「這只是業務工程師的內部會議，有必要準備到這種程度嗎？」但是，如果帶著這種不以為然的想法，之後肯定會吃大虧。

◆「你在之前的簡報中提過，其他測試的可靠度評估也可能出現故障，對吧？但是這個簡報提出的假設，無法說明在其他條件下出現的故障。在進行化學分析之前，必須先以電路測試，排除其他可能的原因後，再進入下一個階段。因此，目前進行的故障分析無法做為支持故障根本原因的數據。為了掌握所有可能會引發故障的原因，最好先做出魚骨圖（fishbone diagram，用於掌握問題原因、分析根本原因的工具）再討論。」

◆「為什麼這張簡報沒有提到模組化製程的問題，只點出了面板製程？你有確切的數據證明模組化製程沒有問題嗎？你要不要重新整理各製程的問題，先決定需要的相關實驗和數據？」

◆「如果想得出『這種故障是可靠度評估設備錯誤運作而引起』的結論，就要確認設備內的溫度分布數據。在確認結果之前，分析其他東西沒有意義，不要草率地下結論，請在今天之內提供測試設備的溫度分布數據。」

◆「我無法認同這個結論。前提假設和結論有衝突。應該先檢視供應商決定要進行的實驗設計（design of experiment，將多個可能造成異常變動的因素放入一個實驗中，再組合成多個實驗，然後根據結果來判定因素）分析結果，再決定下一步。在明天的總監報告會議之前，製造部要重做外觀檢查，同時討論電路測試結果，再決定如何報告。」

◆「你將第一個問題的危險度標記為低危險度的黃色，但目前還沒有查明故障原因，是不是應該標記為中危險度的橘色？請說說你使用黃色的原因。」

我第一次參加業務負責人會議前，做了萬全準備，但是報告開始沒多久，就發生了讓我手足無措的事情。同事們在我的報告資料中挑出細小的邏輯漏洞，詢問某些詞彙的含意，每個部分都緊咬不放，一直跟我爭論！他們甚至提到非常細節的部分，說我製作的圖表框線顏色太深，讓人看不清資訊，要求我換成淺色，還叫我不要在同一張簡報上使用好幾種字體。

接著，有同事詢問我簡報上出現的詞彙含意，要求我解釋為什麼使用某個詞彙，問題一個接著一個冒出，然後他們又從我的說明中找出漏洞，繼續質問；也有同事點出報告日程有誤，下一階段的檢查點日期已過。檢查點指的是可以確認下一階段業務進展情況的時間點，由於蘋果各部門的責任歸屬非常明確，所以所有員工都對這個日期相當敏感。

這種指責無關業務領域，報告者可能會收到來自任何人的指責。即使對方跟我的業務並非直接相關，只要在我的報告內容中發現漏洞，也會立即點出並質問。第一次經歷這種事情時，難免會有種想哭的感覺，可是任何被提問的人都不會反駁說：「這又不是你的工作領域，你幹麼跳出來干預？」為什麼？因為想要達成產品開發，所有業務領域都必須靈活運作。

蘋果員工互相提問時，那態度就像是：「如果你沒有好好做到你的工作，我所做的一切努力都會白費，所以你有義務要誠實回答我提出的疑問，不斷證明你的工作沒有問題。」他們提問的態度也非常理性：「即使目前我的業務進展得很順利，要是其他業務領域發生問題，也很難成功推進產品開發。因此，就算是跟我沒有直接關係的領域，我也要仔細觀察，一旦發現漏洞，就要尖銳提問。」

在經歷過幾次慘痛的教訓後，我面對會議的態度也改變了，我開始豁出性命準備。即使只是製作一張簡報，也絕不馬虎，我會反覆檢查要傳達的資訊是否有差錯或漏洞、是否有邏輯地串連起來、使用的詞彙是否符合字典的例句等。想要生存下去，就要足夠卓越，不僅要壓制上司，還要能夠壓制同事。

可是，有一點令人遺憾，雖然表面上看不出來，但其實每個人都承受著極大的壓力。有位中國工程師跟我交情不錯，他在私下聊天時向我坦承，蘋果這種工作氣氛對他造成很大的壓力，令他非常難熬。他說，在蘋果工作六個月感覺就像在其他公司工作三年，這說法並不誇張，曾在蘋果工作過的人都會異口同聲地這麼說。這間公司的工作強度和緊張感，就是這麼高。

工程部有位經理擁有鋼鐵般的意志力，非常適合集合了完美主義、壓迫和爭論的蘋果文化。開會時，她總是會點出其他業務負責人的漏洞，主導會議氣氛，在與產品設計部爭論時也會挺身而出；在總監或副總裁報告會議上，她懂得發表精湛的評論，無論是面對上司的質疑還是同事或晚輩的提問，她都能完美回答。

我認為，她是在蘋果最有做事頭腦的代表人物之一，但是，就連如此完美的她，也經常在私人場合吐露苦衷，甚至也說過，在蘋果的每一天都很難熬，想要跳槽到其他公司。連看似如鋼鐵般堅強的同事也是如此辛苦地堅持著，我一方面同情她，一方面也覺得獲得了安慰。

每當我想到蘋果的完美主義，就會想起聖經中的一段經文：「鐵磨鐵，磨出刃來。」（箴言第二十七章）

這種企業文化源自賈伯斯構思產品後就非實現不可、如火一般的熱情，以及不是最佳就不能接受的執著，這不就是蘋果的座右銘嗎？很多人好奇一流企業的祕辛，但我認為他們往往忽略了企業領導人具備的熱情和執著。多虧我在蘋果工作的經歷，才得以明瞭這個祕密。

DONE
IS
BETTER
THAN
PERFECT

2 攻擊，就是最好的防禦

人是政治動物，形成組織後，會為了最大限度地擴大利益和影響力而爭奪主導權，企業也是一樣，只是從我的經驗來看，從未見過像蘋果這樣激烈爭奪主導權的地方。

擴大自己利益和影響力的方法很簡單，只要讓別人看起來很差勁就行了。換個角度來理解這句話就是，有人會藉由問我問題、製造某些情況來讓我看起來很差勁，因此在組織內不能掉以輕心，無論何時何地，都要把雷達開到最強，保持精神抖擻。

前面提過，我所屬的可靠度組織要為所有產品背書，確保產品的可靠度極為卓越。如果在開發過程中，可靠性評估發現故障，就要向工程部和零件供應商施壓，提出關於故障的明確原因和相對應的確切改正措施；否則，如果在量產時再次發現開發過程出現的問題，終將導致消費者蒙受最大的損失。

在可靠度評估中發現故障時，會根據不良率、嚴重性、原因分析及解決方案的完成度，分為高危險度（紅色）、中危險度（橘色）、低危險度（黃色）。一旦被歸類在高危險群，在向總監和副總裁報告的會議上，會被稱為「非解決不可的特別問題」，在這種情況下，業務負責人肯定會急跳腳。正因如此，團隊之間會針對出現故障的原因是什麼、該由誰來解決的問題展開激烈爭論，也會發生利益衝突。

可靠度評估發現故障時，第一個爭論點是如何判斷為故障，因為根據如何定義標準，即使是同樣一個問題，可能會判定為故障，也可能不是。從工程部的立場來看，故障標準越嚴苛，工作範圍就越大，大到難以掌控。因此，他們提出的問題是，故障的標準是否以用戶的使用環境為基礎；相反地，從可靠度組織的立場來看，則希望以嚴格的標準，盡可能在開發過程中發現最多問題，並由工程部解決，這樣就更能確保產品在量產後沒有問題。為了做到這點，可靠度組織得做好萬全準備，以數據和統計技巧為基礎，讓故障的判斷標準在邏輯上完美無瑕。倘若無法做到這一點，用一句話來說就是徹底失敗，證明可靠度組織很無能。

制定標準後，工程部和製造部負責人會聚集起來，討論如何將可靠度評估故障的危險度進行分類，工程部想要盡可能歸類到低危險群，藉此告訴上司，在開發階段發生的特定故障並不是大問題。

相反地，製造部希望工程部徹底解決開發階段中出現的所有潛在危險因素，這點可想而知，否則同樣的故障只會在量產過程中再次出現；那麼一來，製造部必須負起全責，因此製造部想要盡可能將可靠度評估中出現故障的危險度歸類在高危險群，以此向工程組施壓，要他們解決開發階段出現的所有問題。

像這樣將危險度分類完畢後，就會分析故障原因，原因越多，各部門的爭論就越激烈，不斷討論何種原因更有可能、解決對策為何；此外，雙方還會針對在向總監和副總裁報告的簡報中如何描述故障原因，在該使用什麼詞彙等問題上爭論不休，因為這份簡報會讓高層對該故障原因留下第一印象，是一項非常重要的工作，在此之後要改變主管腦中的認知幾乎不可能。

各部門針對故障的責任歸屬，展開如此激烈的爭論，同時摸索出最好的解決方案，久而久之自然就產生了「**如果不想被別人踩在頭上，就要先踩在別人頭上**」的想法。在這個過程中，有的員工落後，有的員工成為開拓新領域的夢幻隊伍成員。遺憾的是，有些人因為在邏輯上輸給他人，以至於自己明明不是實際責任人，卻要背負所有責任辭職或被降職。在蘋果，攻擊就是最佳的防禦策略。

3 做好被人摸透底細的覺悟

經理評估人員的標準是，是否對於自己負責的業務從頭到尾都瞭若指掌、能否完美解決各種問題、是否能在如戰場的會議上貫徹意志等；然後以此為基礎，決定自己晉升時要把位置交給誰。

正因如此，在蘋果工作時，會被經理問非常多問題，因為提問可以讓你最快、最準確地確認對方實力大概到哪裡。舉例來說，如果你是可靠度組織負責人，基本上要知道以下內容，才能立刻回答主管的提問：開發專案及各供應商的可靠度評估（顯示器可靠度評估項目達數十種）、現況和日程、主要故障危險度和樣態、發生故障的評估時間、不良率、故障分析現況和結果、故障原因假設和改善措施的現況及檢查點……。

其中，數值和日程只要背下後經常練習回答，就會慢慢熟悉，最困難的是要有邏輯地回答關於特定假設的想法，經理時不時會提到某個開發專案中，還在討論的特定問題的假設，並詢問是否有其他可能性，以及若要驗證，要在何時做某種分析過程等。

想像一下，你在前往員工餐廳時，在電梯偶遇經理，他突然拋出一個問題：「A計畫中有這樣的問題，你有沒有什麼假設？要怎麼證明？」如果你回答不出來，就證明了自己的無能。

在蘋果，達到越高的位置，要掌握的基本業務越多；層級越高，需要負責的開發專案就越多，因此問題的範圍就更廣泛、更深入。

經理也會隨時被總監或副總裁提問，身為經理，必須清楚掌握自己部門工程師手上的開發專案，才能在總監或副總裁的報告會議上，不慌不忙地回答所有問題；尤其，這類的問題大多要掌握公司整體情況才答得出來，因此，要是只背熟自己組織的專案現況，就會被「電」得很慘。

想在蘋果這種公司晉升到經理以上的層級，就要持續追蹤其他部門的現況和重要議題，同時在相關問題上擁有獨特且有邏輯的想法。

蘋果的某位副總裁為了與上司進行三十分鐘的一對一會議，至少會準備三個小時。那位副總裁準備得非常徹底，一切都是為了向上司證明，他完全掌握他負責的業務和組織、一切都在他的控制範圍內。不過話說回來，這樣的準備不是理所當然的嗎？員工若無法回答上司提出的問題，要怎麼委以重任？

4 想成功，當一隻「鬥雞」

明明不是自己部門的事，K卻時常主動發表自己的意見，甚至別人得落實他的想法，他才會滿意。他的個性似乎就是這樣。

想想看，你會想跟這種同事一起工作嗎？然後再想想，目前自己就職的公司會想錄取這樣的人嗎？大部分人的回答應該都是「不會」，說不定還會先入為主地認為「這種人就是愛出風頭」。

那麼，蘋果會怎麼看待這樣的人呢？會想錄取嗎？蘋果員工會想跟這樣的同事一起工作嗎？

答案是，蘋果想雇用這樣的人，因為他們對於那些有能力落實自己主張的人，給予高度評價。韓國大部分公司都認為，愛爭論、好鬥的員工就像「鬥雞」，只會多製造沒必要的麻煩。不過，蘋果給予高度評價，認為這樣的人積極尋找並提出解決對策，連別人敷衍了事的部分都能找出來並加以改善。

我在蘋果認識的人當中，最具代表性的「鬥雞」是曾任職於產品設計部的印度資深工程師，他總是板著臉，從別人的報告資料中找出漏洞，並以非常合理的邏輯提出自己的主張，使對方難以反駁，不得不解決問題；他會談及過去自己解決產品開發時遭遇的問題，然後質問工程部，是否重複犯了同樣的錯誤；有時明明不是產品設計部的事情，他卻刻意挑顯示器的問題出來講，讓其他負責人難堪。他很會挑出對方的弱點，抓準時機、緊咬不嚴謹的邏輯，堅持自己的主張。

就算不做到他那樣的程度，如果你身在蘋果，卻沒有好好宣傳自己的意見，就很容易被忽視。

舉例來說，假設 A 產品開發專案的業務負責人聚在一起，討論本週在總監報告會議的主題，在一番討論、選定主題後，就要決定如何調整專案現況和面臨的議題，然後決定由誰報告。這種時候，如果展現被動的態度，心想：「反正那不是我的工作，跟我沒關係。」很有可能就只能處理開會後的善後工作。

想在蘋果生存下去，就必須在所有會議上都發揮影響力（雖然從一般人的角度來看，可能難以接受）。如果能在同事報告的簡報中發現漏洞，並以一針見血的問題摸透對方的底細，那就再好不過了。沒必要擔心這種指責會在同事間樹敵，因為這才是蘋果的企業文化。

如果你的指責確實有幫助，他卻情緒化地認為你是在針對他，那反而會害他自己被排除在會議之外。**在蘋果裡，要是表現出東方人的謙讓美德，或「沉默是金」的被動態度，很容易被當作傻瓜**，所以比起如牛一般憨直的行為，像老練的鬥雞一樣先發制人，才能在蘋果獲得成功。如果不擴大自己的影響力，自己反而會被別人牽著鼻子走。

5 緊張感，能塑造一支精銳部隊

我認為蘋果能維持全球頂尖企業的名聲，原因之一就是公司內部的緊張感。在蘋果公司感受到的氛圍，讓我想起《孫子兵法》中一百八十名宮女的故事。

中國春秋戰國時期，吳王闔閭為了測試孫子的實力，便派出一百八十名宮女，叫孫子指揮她們。他要孫子指揮宮女而非士兵，是為了看看孫子如何隨機應變，克服理論和現實的差異：

孫子將宮女分成兩邊，由吳王寵愛的兩名嬪妃分別擔任兩邊的大將，然後發給她們一人一支戟。一百八十名宮女排成一排後，孫子問：

「各位知道自己的胸部、左手、右手和背部嗎？」

「知道。」

「我說『前』，你們就看向胸前；我說『左』，你們就看向左手；我說『右』，你們就看向右手；我說『後』，你們就看向後方。」

「知道了。」

然而，進入實際訓練後，宮女們並沒有根據軍令行動，反而笑成一片、打打鬧鬧，彷彿這是一場鬧劇，此景正如吳王所料；情況亂成一團，但宮女們似乎對這種場面非常習慣，她們以為這個場合就是要戲弄突然從外部來的將軍。於是，孫子立即握著以軍法行刑時使用的斧鉞說道：「軍令不明確、號令不熟練是將帥的罪過。」

然後又讓宮女們反覆背誦軍令數次，確認宮女們完全熟知後，孫子就叫她們向左行軍，但宮女們依然咯咯地笑。於是，孫子說：「軍令已經相當明確，士兵卻不遵守紀律，這是大將們的罪過。」

說罷便準備砍下左右大將的頭，但這左右大將是吳王最疼愛的女人，因此吳王嚇得急忙派人前去求情。「寡人已經知道將軍擅長用兵。寡人沒有這兩個嬪妃，吃飯都不知甜味，就饒她們一命吧！」

孫子說：「我受命為軍隊將領。將軍在軍中，有時連王命也恕難遵從。」

孫子就這樣砍下兩個嬪妃的頭，結果其他宮女們都為了保命而按照孫子的命令有條不紊地行動。孫子毫不動搖地執行吳王下達的指示後，發布傳令並發下豪語說：「現在只要王下令，這些宮女們將不畏艱難地投入敵陣。」可是剛失去兩個愛妾的吳王依然陷入在悲傷之中，說：「將軍請回府上休息。寡人不願再看下去了。」

——摘錄自《孫子兵法》

這個故事中，相當有趣的是宮女們的行為。她們一開始只把孫子的命令當成兒戲，明明熟知軍令卻還是笑成一片、打打鬧鬧。然而，沒過多久，宮女們的行為就徹底改變，她們遵照孫子的命令有條不紊地行動，做好能不畏艱難、衝進敵陣的準備。是什麼讓宮女們的行為產生了一百八十度的轉變？

我想有兩點。首先，宮女明白孫子對她們的期待比她們所想得還高。一開始，宮女覺得自己不是為了作戰而受訓的軍人，所以誤以為只要裝作稍微服從命令就可以了，不過隨著訓練強度提升，她們開始理解到，握有軍權的孫子希望她們能像實際的精銳部隊那樣完全服從指令。

第二，是因為她們發現如果沒有滿足統帥的期待，就會立即受到冷酷無情的評價。由於宮女們沒有聽從命令，孫子便將代表一百七十八名宮女的兩名嬪妃斬首，之後再次進行訓練時，宮女們就非常專注在訓練中，甚至願意揹著木柴跳進火中。

蘋果公司的員工們就像這樣。即使剛進入蘋果公司時如笑成一片、打打鬧鬧的宮女，在參加一、兩次會議後，也會變得有條不紊的精銳部隊。

對於那些沒有達到完美結果的員工，蘋果會立刻毫不留情地給予評價並採取措施。要是在好幾十位員工參加的會議上，遭到當面指責和批評，就會被貼上「績效不佳」的標籤。

一旦以這種方式被貼上標籤，名聲幾乎不可能恢復，甚至可能會被排除在開發專案之外，或減少員工配股，嚴重一點的還會被降級或解雇，而且，這些措施會立即實施。

我在參與某個開發專案時，認識了一位共同參與的工程師，不過在那個專案結束後就沒再遇過了。起初，我還以為他換了部門，後來才知道他被勸退，離職了。聽到這消息幾天後，在與工程部經理開業務會議上提到那個人，聽說他在與業務組開會時，經常反應慢半拍，因此遇到很多困難。

「在全力衝刺的跑道上，唯獨那位工程師些微落後。我警告過幾次，都沒有好轉的跡象，於是我決定解雇他，改錄用別人。聽到這個消息的其他員工，都露出一副早料到會這樣的表情。」

蘋果內部有這樣的氛圍，才能將員工打造成一支軍紀嚴明的精銳部隊，而非烏合之眾。

6 偉大的藝術家，都懂得偷取

過去，我在美國取得博士學位、正在找工作時，在一家半導體公司的徵才公告中，看到了一個有趣的句子：「應試者必須抱持為了達到目標而不顧一切的態度。」（The candidate should have 'Whatever It Takes' attitude.）嚴格說來，不顧一切的態度指的是只要能達成目標，即使是不道德的錯誤行為也可以接受。

無論在當時還是現在，我都無法完全同意這種價值觀，但我認為需要這種靈活態度，藉此思考達成目標所需的一切方法和可能性。話雖如此，在採取行動之前，理應判斷該方法是否真的正確且妥當。總之，我一直堅信這樣的理念，且只在價值觀相符的公司工作，後來就帶著這樣的想法進入了蘋果。然而，經歷之後才發現，蘋果才是要求「不顧一切」的公司（幸好，蘋果在道德方面並沒有這種要求）。

首先，蘋果希望員工們能為公司不顧一切、夜以繼日地拚命工作。從某個角度來看，工作環境本身就是如此，從上班到下班時間，都有接連不斷的會議，以至於如果想完全專注在自己的工作上，就要抽出時間加班；再加上大部分零件供應商和組裝工廠都在亞洲，若要進行電話會議，就得利用下班後的晚上時間，而且如果是重要的案子，與零件供應商的電話會議至少需要一到兩個小時，一部分要告訴供應商我方的要求，同時也要取得供應商的開發過程現況，並更新數據。這一過程需要做得非常徹底，因此需要耗費很長的時間。

有一次，我從晚上八點開始跟供應商進行電話會議，結果到了午夜都沒有結束，雙方都很緊繃，氣氛變得很糟糕，後來由於兩方都不願退讓，只好約定第二天晚上接著談，才草草結束當天的會議。

在這裡我想強調，「不顧一切」不僅意味著夜以繼日地工作，還意味著即使是無理的要求，只要是為了公司，也要以毫不留情的態度逼迫對方；否則，在跟總監或副總裁報告的會議上，就會因為未能落實公司的意願，反倒害自己陷入困境中。

還有些狀況是，在跟總監或副總裁報告會議的前一天，我常常到了清晨都還抓著手機苦惱。為了準備第二天的會議，需要跟其他部門的人協調簡報內容，倘若需要數據，即使是脅迫對方也要拿到。「在下班後的晚上時間傳工作的訊息會不會很沒禮貌呢？」這種想法太天真了，傳了訊息後要是對方沒有回覆，就要立刻打電話。萬一拿不到需要的資料，第二天開會時，會顯得像傻瓜的只有自己。

特別是在蘋果這種跨國公司工作，會需要跟世界各地的人合作，所以我常常在上班之外的時間接收或傳送資料。如果因時差而延遲回信，或來不及看凌晨才收到的信就去參加會議，說不定下次會議上就沒有我的位置了。在蘋果，從業務負責人到經理、總監，沒有人可以說「因為我比較晚才拿到資料」這種藉口。在公司裡，我們只論結果，負責人的「基本」工作就是即時報告公司需要的資料。

「畢卡索曾說過：『**好的藝術家懂得模仿，偉大的藝術家則善於偷取。**』我們從未羞於偷取優秀的點子。」這是賈伯斯在某部紀錄片談到二創時說過的話。這段話值得玩味，意思不是可以偷取別人的點子，而是應該不顧一切、盡可能參考各種點子來激發創意。

一九七〇年代末期，賈伯斯在全錄帕羅奧多研究中心（Xerox PARC，帕羅奧多研究中心〔PARC〕的前身）看到了圖形使用者界面的早期開發階段，他確信這是電腦技術的未來，並且有預感，比起輸入複雜的指令，利用電腦畫面中的圖像圖示和滑鼠光標操作電腦，才是電腦技術前進的方向。

因此，賈伯斯不顧一切，參考了這個想法之後，立刻聘請全錄的工程師；相反地，全錄並沒有賈伯斯那樣的洞察力，未能將該創意發展成商品。然而，賈伯斯在這當中加入動物性的直覺和時髦的設計，為個人電腦的革命做出了貢獻。

第三章

齒輪一樣無懈可擊的執行力

1 「專案經理」組織的誕生

在賈伯斯眼中，所謂企業，就是在顧客感受到需求之前，先了解他們想要什麼，而且他說，要以不跟任何事物妥協的熱情製作出卓越的產品。賈伯斯這種直覺和熱情，讓蘋果成為創新的代名詞，但同時也引發了很多問題，好比說，他在製造啟動電腦的客製化晶片時，就一直根據自己的喜好改變功能，對他認為需要的功能和設計非常堅持。

尤其是在決定產品的顏色和外型時，為了達到完美的設計，他極為挑剔。在設計 Macintosh 的圖形介面時，他修改了視窗、文件、螢幕等最上方的標題欄的設計無數次，當時的 Macintosh 團隊說，必須設計超過二十個標題列，直到賈伯斯滿意為止，並抱怨這浪費了太多時間。

在決定蘋果二號（Apple II）的塑膠外殼顏色時，賈伯斯在色彩專業公司提供的兩千種米色中，仍沒有找到喜歡的顏色，所以只能繼續搜尋。幸好，最終賈伯斯總算被身邊的人說服（按：在《賈伯斯傳》中，與賈伯斯共事的同事說道：「兩千多種還不夠！史帝夫希望他們能提供另一種米色。這時，我不得不插手。」）。

在決定 NeXT 的電腦設計時，曾發生過一段插曲。賈伯斯希望將電腦製作成完美的正立方體（每一邊必須剛剛好是三〇．八四公分，每一面的角度都要是九十度）。

為了做到這點，必須重新設定模具，讓長方形的電路板能配合正方形。以模具製作的零件的側面和底部的角度，都要略大於九十度才容易脫模，因此，蘋果使用價值六十五萬美元的模具，另外製作了箱子的側面，然後為了消除模具產生的刮痕，需要購買十五萬美元的磨砂機。由於賈伯斯不願意做任何妥協，導致已經確定的製作費經常變動，頻頻發生意想不到的危險性問題，產品上市日期也一直推遲。

為了因應這樣的事情，蘋果最終成立了專案經理這個組織，該組織扮演備援角色，有效管理開發專案的進程及日程，避免成本和上市日期出現其他變動。如果在產品開發過程中不斷發生意想不到的事情，導致成本增加、上市日期延後，將會嚴重傷害品牌形象，因此必須要有部門嚴格管理開發專案的日程和成本，所以不僅蘋果，矽谷多間科技公司也都有專案經理這種組織。

就好比說，蘋果在開發顯示器的核心小組中，配置專案經理和顯示器各技術部門的工程師有十五名左右，包括負責驅動電路板、光學、晶片、有機發光二極體、模組化製程、電機電子、材料設計、可靠度評估等各類業務的負責人。

不僅如此，專案經理還會與工程部、產品設計部及製造部緊密合作，協調開發日程、專案進展情況，並與零件供應商溝通，管理一切的成本及問題。

我認為專案經理最該具備的基本素質，是溝通能力和細心。隨意處理事情、草率行動的人，一旦面對緊急情況，很有可能會在討論和處理重要議題時起口角，這麼做反而耽誤了時間、忽略了議題，就算只是忽略一件事，後果仍非常龐大。

2 不停轉動的巨大齒輪

乍看之下，可能會覺得蘋果開發產品的過程，與其他公司沒有太大的差別。首先，在驗證點子的階段，會為了呈現新產品的功能及設計而採取多種技術方案，然後以該技術為基礎，檢驗能提高生產效率、大量生產的能力。如果技術問題成功解決，供應商的能力也通過驗證，就會批准大量生產，這被稱為「OK2Ramp」，顧名思義，就是可以（OK）開始提高生產量（Ramp）的意思。

要說跟其他公司有什麼不同，就是蘋果在短短一年內，就完成一般公司必須耗費數年的開發過程，正是因為如此嚴苛的行程，蘋果才能每年都推出新產品。

到底是怎麼做到的？

蘋果員工合作效率高，能迅速且周全地做決策，這種效率在其他公司很難看到。蘋果在數十年間，經歷源源不絕的開發和大量生產的循環，過程中經歷了多種試錯，並以此為教訓，構建了非常有效的零件供應網，培養了職能式專家組織。每年新款 iPhone 問世時，都能生產超過一億臺，這種能力並非一朝一夕出現的。蘋果就像一顆精密運轉的齒輪。

不過，由於這顆齒輪以極快的速度轉動，片刻都不停息，所以面對每件事都要提起精神。假如在開會時稍微心不在焉，就會發現會議已經在不知不覺中得出結論；在聊天室裡也一樣，如果沒有繃緊神經、跟上對話節奏，到後來就會發現工作被會歸到自己頭上，明明不是自己的業務，卻在大家的決議下變成該由自己來解決的事。

因此，有些員工即使身體不舒服，開會前也不會吃藥舒緩疼痛，因為擔心藥效發作後，頭腦會變得昏沉。

在像這樣不斷運轉的齒輪世界裡，我最大的罩門就是體力。上班時間會議一場接著一場，下班後還要與世界各地的供應商開電話會議，凌晨分析數據、製作資料……到後來睡眠時間嚴重不足，體力到了極限。有一天，我從椅子上站起來時，突然一陣頭暈目眩，我告訴自己這樣下去不行。於是，這輩子從來不運動的我，開始培養運動習慣，上班前一定會去公司的健身房鍛鍊三十分鐘。

3 時間越多，做事效率越差

據《富比士》（*Forbes*）雜誌報導，新冠疫情期間，Meta、谷歌、微軟（Microsoft）的員工分別增加九四%、五七%和五三%，而蘋果只增加二〇%。此後，從二〇二二到二〇二三年，由於升息和經濟不景氣，Meta、谷歌、微軟、亞馬遜等公司解雇了數萬名員工；相較之下，蘋果沒有解雇任何人。

蘋果為什麼以如此保守的方式招聘人力？這是為了以最有效率的方式使用企業可用的資源。蘋果高層很清楚，員工變多，工作也不會更有效率，因此他們將重點放在完全發揮現有的人力資源上，而不是投入更多人力來提高工作效率和生產量。據雜誌《商業內幕》（*Business Insider*）透露，以二〇二二年來看，蘋果一名員工創造的營業額是兩百四十萬美元，遠高於其他科技企業（谷歌和 Meta 約為一百五十萬美元，微軟約為九十四萬美元）。

展示並發現創意作品的線上平臺 Behance 的創辦人史考特・貝爾斯基（Scott Belsky），在著作《想到就能做到》（*Making Ideas Happen*）中表示，受限的條件反而有助於管理能量和發揮創意；也就是說，當可用資源有限時，反而會發揮生產力，尋找能更有效使用資源的方法。

世界知名的舞蹈家兼編舞家崔拉・夏普（Twyla Tharp）在《創意是一種習慣》（*The Creative Habit*）中提到，如果沒有缺乏，就無法產生靈感，倘若缺乏時間和資源，就會感受到急迫性、培養出熱情，但如果時間和資源充足，反而會陷入懶惰和自滿之中。夏普說過，如果上帝想讓某個人失敗，就會給那個人無限的資源。

明明是一個小時內可以做完的事，如果有一整天這麼充裕的時間，我們常常會一整天都在做那件事。**做一件事情前，應該先考慮有多少時間，而不是需要多少時間才能完成**。分析這種心理現象的英國行政學家西里爾・諾斯古德・帕金森（C. Northcote Parkinson）還制定了帕金森定律（Parkinson's Law）：「賦予的時間越多，反而會耗費越多的時間才能完成一件事。」

按照他的理論，以企業的角度來看，大量的人力和充足的時間反而會害了公司。矽谷某間科技公司在疫情期間以進軍新事業為目標，招募了很多人力，實際上卻沒能妥善使用增加的人力資源，最終效率不彰，未能在當年進軍新事業。這種情況在蘋果簡直難以想像。

4 證明實力的最佳地點：會議室

我在韓國完成研究所碩士課程後，很快就順利找到工作，任職於一間半導體大公司的工程開發領域，就這樣過著跟其他人一樣的職場生活，持續了五年；後來，我懷著想更深入地學習自身領域的想法踏上了美國留學之路。

當時我的指導教授的實驗室裡正在進行各種研究，有很多事情需要幫忙，後來有一天，我去實驗室時看到白板上寫著一句話——「Review drives me crazy」（檢討把我逼瘋），我很好奇為什麼要寫這句話，便問了實驗室裡的朋友們。

他們說：「贊助研究經費的機關每六個月會來檢討一次研究績效，需要查找、閱讀、研究的資料真的很多，還要把資料整理得非常好看，所以檢討真的讓我們很煩躁，簡直快被逼瘋了。」

雖然當時那句話讓我印象深刻，但在讀完博士課程後，我就將這句話忘得一乾二淨。

下一次這句話浮現在我的腦海中，就是進入蘋果的時候。雖然我之前在讀研究所、在各個地方工作的過程中，已經習慣了分析研究結果、將結果製作成簡報並報告的流程，但是對於這樣的我來說，蘋果的報告會議還是異常痛苦。

還記得我剛進入蘋果，第一次參加向工程部副總裁報告的週會時，在能容納二十人的會議室裡，坐在最前排的似乎是高層的副總裁，旁邊坐著總監和經理，後面則擠滿了幾十個工程師，會議室水泄不通。每個工程師按照報告順序，一個個機械似地上臺報告，就像在看一場精心編排的表演；一個專案報告結束後，擠在後面的工程師就一窩蜂地走出會議室，然後專案工程師再一窩蜂地進來，繼續向副總裁報告。

除此之外，蘋果每週都會進行可靠度評估報告、組織報告、與供應商的電話會議、核心小組報告、工程部總監週會等；再加上在各個會議之前，也必須開事前會議，所以每週至少要參加十場以上的會議。

不僅如此，所有會議都必須做好萬全準備，謹記上司的思考方式和邏輯，挑出他們可能提問的重點列表，並準備好相對應的答案。在這個情況下，大部分業務負責人通常會見樹不見林，但這樣是不夠的，你必須顧及整體，舉例來說，報告者要留意目前提及的問題，是否會影響其他開發專案的日程；另外，也要為其他部門另外準備備忘稿，幫助他們快速理解會議內容。如果沒有事先制定這種因應策略，就很難在蘋果生存下去。

利用蘋果思維製作報告

假如是要報告開發過程中遇到的問題，就必須在開會前徹底準備以下內容：首先，在簡報上清楚地寫出問題。大部分員工還沒有定義問題，就盲目地尋找答案，但要是不知道問題出在哪裡，就不可能找到合適的解決方案。

倘若已經清楚說明問題，接下來就要陳述問題的樣貌，然後描述目前情況、預期結果等。此時，要按照之前的建議，掌握總監或副總裁的喜好，以他們平時經常問的內容為基礎制定對策。

假如是經驗豐富的業務負責人，他們能像通靈一樣找到並點出這些部分。我剛進蘋果沒多久就接到指示，要我準備跟副總裁報告的會議資料，於是我召集核心小組，將可靠度評估出現故障的現況和解決方案整理成簡報。我們已經在可靠度組織內多次演練，並聽取總監、經理、部員的回饋，其中一位非常了解副總裁個性的工程師，給了我很多建議。

他說，首先，在陳述可靠度評估出現的故障時，絕對不要使用副總裁討厭的特定詞彙，但偏偏我的簡報中就出現了那個詞彙（也就是「handling」一詞，是指處理可靠度樣品時可能出現的故障原因），建議我換成其他詞彙；另外，通常在可靠度評估的故障中，只會挑出高危險度的來報告，但他建議我要另外準備整體的故障清單，因為那位副總裁很容易起疑心，擔心有故障、卻沒有報告，所以經常要求要看整體故障清單。

終於，到了報告日。我開始在副總裁、總監和資深經理面前解說開發中產品的可靠度現況，果不其然，副總裁問我，故障清單中是否有沒報告到的。雖然那一刻我的內心相當慌張，但幸好我有按照同事的建議，事先準備故障清單簡報，才能放出來給副總裁看，有驚無險地過關。如果沒有在報告前聽取回饋，差點就完蛋了。

不論職位高低，公司裡沒有任何一位員工期待開會，話雖如此，認為「開會很麻煩」這種態度其實非常危險，因為**會議是可以公開證明自己實力的地方**。要是在這樣的場合表現出不熟練的樣子，哪怕只有一丁點，之後也要付出很大的努力才能恢復形象（甚至，在蘋果連彌補的機會都很難得到）。

只要是很有做事頭腦的人，都對會議抱持積極的態度，他們一致將會議視為達到自己目的的方式，因此都會做好萬全準備才來開會。

原本我因為會議上尖銳的說話氛圍而對開會充滿恐懼，但看到他們的樣子後，我反而更積極參與。

要是你覺得開會很痛苦，可以思考看看，透過會議你能得到什麼？如果真的一無所獲，說不定是時候該換個工作崗位了。

5 主管的注意力，不超過一分鐘

進入蘋果後，會使用公司提供的 MacBook，而用 MacBook 製作簡報時，用的是跟 PowerPoint 功能相似的軟體 Keynote（按：由蘋果公司推出的幻燈片應用軟體）。有些業務工程師已經達到閉著眼睛也能製作簡報的境界，他們甚至會開玩笑說，自己主修的不是材料工程或機械，而是 Keynote 工程。

有趣的是，只要是在蘋果工作過的人，跟其他人製作出的簡報都會有很大的差異，甚至光看其他公司員工提供的簡報，就能猜出他是不是曾在蘋果工作過。到底哪裡不一樣？

答案是，他們製作的簡報會有核心資訊、圖表和顏色。

首先，蘋果員工製作的簡報會明確表達報告者想要傳達的資訊和目標。華頓商學院MBA教授史都華・戴蒙（Stuart Diamond）在著作《華頓商學院最受歡迎的談判課》（*Getting More*）中提到，在參加會議前，要先問問自己想透過這次會議得到什麼。

蘋果員工們一定會做這種自我詢問的行為，說不定還有人會反問：「這不是理所當然的嗎？」但其實，大部分的人在參加會議前，並不知道自己要透過會議得到什麼，導致報告資料中充斥著毫無意義的資訊。

第二，蘋果員工製作的簡報，即使不是負責人也能輕易理解（延續第一點）。因為如果報告目的明確，那麼支持其報告的資料——也就是簡報內容——肯定同樣簡潔。要是內容複雜，總監或副總裁無法一次就理解內容，報告者在該場會議就一無所獲。**總監或副總裁在一張簡報上的注意力不會超過一分鐘。**

為了做到這點，在此提供一些有用的簡報製作技巧。首先，要用破題法，這樣更容易引起主管的注意。在簡報中使用圖片、圖示、概念圖也是聰明的方法，因為這種呈現方式不僅使重要的內容一目瞭然，以美學的角度來說也賞心悅目；

加入照片時，務必要確認解析度，一律使用最高畫質；如果要插入表格，就要清楚寫上表格標題。

再強調一次，如果接收報告的主管需要花時間理解報告者的資料，這完全是報告者的責任。

一個更敏銳的報告者，還會懂得運用顏色。比方說，在會議中要決定某件事情時，可以用表格呈現各個考慮項目的優缺點，然後用顏色（紅色、橘色、黃色、綠色）區分重要性，讓觀眾一目瞭然。

最後，最頂尖的報告者，懂得在簡報中活用字體和表格框線的粗細，因為這表示報告者除了資訊之外，也顧慮到簡報的設計。

順帶一提，我製作的圖表框線不是黑色的，而是淺灰色，只留下必要的框線，這麼做是為了讓閱讀者一眼就先看到內容，而且我不會使用強烈的原色來填滿圖表，而是使用柔和又流行的粉彩色調，幫助觀眾專注於資訊本身。

在製作報告資料時，我們通常會覺得對方已經很清楚自己報告的內容，但這種推測未免過於輕率。要盡可能以簡單直觀的內容來製作報告資料，才能有效傳達自己想傳遞的資訊。

戴蒙教授定義道：「競爭力（competitiveness），就是能夠實現自己目標的能力（ability）。」如果能用一張簡報來實現自己的目標，就等於具備了競爭力。

6 屬於蘋果的一頁式簡報

在蘋果，無論報告的主題有多複雜，都要將內容濃縮在一張簡報中，因此蘋果員工將報告資料稱為一頁式簡報。

如果負責人無法將報告內容做成一頁式簡報，就會被評價為不僅沒有完全熟悉自己的業務，事前也沒有與其他團隊充分討論。

舉例來說，有位工程師在兩週內經過五次會議，才將超過二十頁的簡報製作成一頁式簡報。他根據同事和經理的回饋，篩選出開會時一定要傳達的核心資訊。他滿懷熱忱精心準備的資料，實際上報告時間還不到三分鐘，但副總裁卻非常滿意（傳達核心資訊只要三分鐘就夠了）。

最近許多公司都要求將報告資料做成一頁式簡報，因為**能用一張紙決勝負的**

人，最終能在戰場上生存下來。回顧我在蘋果的經驗，很會製作報告資料的人，一〇〇%都很有做事頭腦。

他們懂得如何讓複雜又散亂的簡報內容變得簡單明瞭，也知道如何以核心資訊為基礎設定目標，以最有效率的方式傳達。

其中，有一項我最為敬佩的技術，就是運用顏色。比方說，根據顏色區分危險度，紅色是高危險度，橘色是中高危險度，黃色是中危險度，綠色是低危險度（蘋果稱之為顏色規範〔color code〕）。

根據重要性或危險度區分顏色後，即使只報告一分鐘左右，也能正確傳遞資料中的核心資訊。

不過，需要審慎地考慮該使用什麼顏色。有一次，為了準備向副總裁報告的會議，我與核心小組一起開事前會議，有一位工程師在一頁式簡報中加入圖示，然後為了更突顯內容而使用了紅色，然而，那份報告並不是在談論危險度。

其他工程師看到那份簡報後立刻批評：「無論基於什麼原因，都不要在一頁式簡報上使用紅色。」要是沒有特別原因就使用紅色或橘色，該議題一不小心就會被誤歸類為高危險群，不僅不利於報告者，也可能危及相關部門。這是因為，主管一旦認為該議題非常危急，那他每次都會對該議題表現出極度敏感的反應，不斷提問。因此，蘋果員工要在一頁式簡報上使用紅色時，都會審慎評估。

除此之外，我在製作一頁式簡報時，還會確認下列事項：

①**核心資訊：**是否簡潔明確？是否能一目瞭然？

②**提供的數據和解釋：**是否與核心資訊的脈絡相同？是否可能互相衝突或引起混亂？

③**描述問題：**問題的定義、樣態、不良率、原因假設、故障分析現狀、結論、下一步和檢查點，是否都說明得簡潔明確？（請參考下下頁表2）顏色是否有按照危險度分類？

④**簡報設計：**圖表、走勢圖、照片是否都支持核心資訊？有沒有刪除不必要

的詞彙？

⑤顏色和字體：顏色是否只以淺灰色、粉藍色、淡綠色為主，且只使用了兩、三種顏色？字體是否統一為同一種？字級大小是否超過11～12 pt？

下下頁表3為根據以上原則製作的一頁式報告。

表 2　描述未經整理的問題

- 在進行 C 模組測試的過程中，D 步驟發生了 A 故障。
- 在 100 個樣品中，有 15 個樣品故障。
- 故障分析結果顯示，模組的橫截面顯示出橋接部分已經毀損，且在壓力測試中確認溫度沒有變化。
- 原因可能是高壓導致的模組毀損。
- 改正措施將採用高溫測試，開發低壓解決方案，並在中期階段進行展示。這些措施將在 4 月 15、17、19 日左右結束。
- 既有條件：模組 A-C 在低溫下操作、模組 D-E 在高壓下操作，顯示出不穩定性。
- 新條件：模組 A-C 在高溫下操作、模組 D-E 在低壓下操作，以符合規格要求。

表 3　蘋果一頁式簡報

- 核心事項：查出在 C 測試中發生的 A 故障原因，改正措施預計在 4 月 19 日完成。

議題		細節	目前情況	下一階段	負責人
A故障	低危險度	型態：因模組毀損而發生 A 故障 不良率：15%（15F/100）@ C 測試、D 步驟	故障分析 ・模組截面：橋接毀損 ・高壓測試：無溫度變化 根本原因：高壓導致模組毀損	改正措施 ・高溫測試（4/15 完成） ・低壓解決方案（4/17 完成） ・確認中期階段測試（4/19 完成）	朴志秀

現有條件		新條件測試結果
走勢圖、圖表或照片 ・模組 A-C：低溫條件 ・模組 D-E：高壓條件 ・已知在既有條件下出現不穩定性	改正措施 →	走勢圖、圖表或照片 ・模組 A-C：高溫條件 ・模組 D-E：低壓條件 ・新結果符合規格條件

7 在這裡，公司希望你很「愛現」

每次報告時，我都覺得很不簡單，因為那是要證明自身能力的考驗；反過來說，如果我徹底掌握我的業務，做好能回答任何問題的準備，就會攻無不克、戰無不勝。

蘋果的一位同事表示，只要看那個人報告的水準，就能預測他能不能得到紅利、甚至晉升，這表示報告是向主管展示自己能力的最佳機會（在蘋果特別需要這種能力）。

通常，很多人會說做這種行為很「愛現」，但我不這麼認為。以公司的角度來說，比起那些在意他人目光、反應被動的人，積極表達想法、主動創造更好的結果、展現自己能力的人更值得嘉許，蘋果也會認可這樣的人。

我進入蘋果還不滿六個月的時候，同一部門就有兩個人離職，因此我得負責他們的業務；再加上，我本來就很難適應新環境，他們不僅沒有幫助我，反倒增加我的工作，壓力非同小可。然而，我不能就此消沉；我打消灰心的念頭，將這個困難當成機會——向主管展示能力和熱情的絕佳機會。

離職同事主導的計畫改為由我負責，為了不發生一點差錯，我犧牲睡眠時間，下功夫準備報告。我提早將資料傳給經驗豐富的資深工程師，請他給我建議，並再次詢問需要強調的核心資訊是否明確；同時，我不分晝夜地跟在顯示器核心小組的同事後面，聽取他們的回饋，將備忘稿製作得一絲不苟。

獨自一人的時候，就在腦海中描繪簡報來練習報告，還準備了主管可能提出的問題，自己練習回答。雖然很辛苦，但**比起被動地被公司牽著鼻子走，我更想主動地主導工作**。幸虧有這麼做，我在短時間內嘗試了各種錯誤後，很快就適應了蘋果這間公司。我的這種積極態度感動了經理和總監，因此在我第一次負責的計畫得到「OK to Ramp」批准的當天，他們還發了特別獎金給我。同事們紛紛表示：「從來沒有見過像我這麼快適應蘋果的人。」

還有一個例子是，可靠度組織的某位同事給人很好的印象，因為他每次開會不僅能清楚點出問題核心，還能適時地提供解決方案，副總裁也給出了同樣的評價（幾個月後他就快速晉升了）。像這樣利用向主管報告的機會來證明自己能力的人——那些「愛現」的人——能在蘋果獲得認可。

第四章

在任何方面都追求極致

1 我的產品，能夠改變全世界

蘋果的同事之間經常說：「如果工程師辛苦，消費者就會被感動，但如果工程師舒服地工作，消費者就會失望，終究離開蘋果。」蘋果員工對自家公司的產品就是這麼自豪，這種信念源自賈伯斯。賈伯斯對卓越產品的熱情，已經在員工們心中種下了獨特的使命感，這轉化成他們工作的動機和自豪感，以「我製造的產品能改變世界、感動數億消費者」的成就感，忍受嚴苛的工作量和無情的完美主義。

在蘋果推出新產品的當天上午，所有會議都會取消，每間會議室都準備了蛋糕和飲料，員工們三五成群聚在一起觀看產品發表會直播，慰勞彼此的辛勞並慶賀成果，平常那種如履薄冰的氣氛消失得無影無蹤，參與開發新產品的員工都大聲歡呼。

我剛進入蘋果，就立刻投入 iPhone 11 的開發專案，回想起來，那段時間真的是一直埋首於工作，幾乎記不清時間是怎麼流逝的。隔年 iPhone 11 首次問世時，我和一起辛苦研發的同事們擊掌慶祝。雖然我在之前上班的公司也開發過各種產品，經歷過將技術轉化成商品的過程，但在蘋果的經驗真的很特別，在其他公司要花好幾年做完的事情，蘋果卻要壓縮在一年內完成，這使得工作非常嚴苛又辛苦，但在產品問世的那一刻，彷彿一切都得到了補償，心裡湧出了無以名狀的激動和自豪感。

每次蘋果推出新產品時，就會看到一些員工在個人社交平臺上宣傳自己參與了相關產品的開發或製造過程，還會提到「看到自己製造的產品問世，覺得非常自豪」。這麼一來，其他公司的人看到後常常會說：「蘋果員工很愛炫耀，講得好像是他一個人製作出那個產品一樣。」但在我看來，其他公司的人說這些話時，心情應該既羨慕又嫉妒。

自己參與開發的產品，能帶給全世界的人如此特別的體驗，這種自豪感不是任何人都能輕易感受到的，而且這種激動的心情能轉化為巨大的動力。無論是製造產品的人還是使用產品的人，蘋果都帶給他們特別的感受。

2 上、下游公司也得保持一流

蘋果的年產量非常大，因此從零件供應商的立場來看，蘋果是絕對不能錯過的顧客；再加上，如果能與蘋果合作，供應商就會獲得一個口碑——這間公司能滿足（蘋果要求的）嚴格技術標準、品質、良率及日程，進而創造出能與其他公司合作的機會，所以只要有機會，大部分供應商都想和蘋果合作。

蘋果也擅長運用這種關係，一邊支持實力卓越的供應商培養更多的能力，使其成為蘋果的主要供應商；一邊投資實力不足的供應商，幫助他們培養能力，引導其成為一流公司，最終讓他們與技術領先的供應商建立競爭關係，使蘋果在與兩家供應商的交易中處於有利地位。

但或許有人會推測：「蘋果自己不生產零件，難道不會被供應商的技術人員牽著鼻子走嗎？」

不過，其實蘋果在各方面都有比零件供應商的技術人員更頂尖的專家。他們會從供應商的最上游「相關零件的製造過程」開始一一驗證設備，甚至找出供應商不願揭露的部分，以此提高數據與製程的透明度，從這點也可以看出蘋果的完美主義。每次私下與供應商聊天時，都會聽到他們抱怨「蘋果的完美主義太過極端」。這是最令他們疲憊、也最感羨慕的地方。

我在蘋果工作的期間，曾與多家供應商進行過各種零件開發專案。對他們來說，這筆交易既是決定公司命運的大機會，也是證明自己能力的考驗，因此有時會看到開發專案的成功與否，影響到供應商的公司運作，如高層被撤換或員工被解雇等。

供應商在與蘋果合作時，總是感到最困難的部分是，要達到過高的可靠度標準。他們經常開玩笑地說，只要挑出自己公司裡最好的產品寄給蘋果，剩下的就送到其他公司（他們是在委婉地說，即使把剩下的產品寄給蘋果也能順利通過測試、獲得 OK To Ramp 的認可，不會有任何問題）。

事實上，曾經有一間公司由於未能通過蘋果要求的品質條件，而被排除在當年的大量生產之外，因而受到了巨大打擊；不過他們在隔年花了一整年的時間通宵工作，就為了成功通過蘋果的品質要求，那間公司至今仍對蘋果的完美主義驚訝得無言以對。

為了讓供應商具備能穩定供應完整零件的能力，蘋果會以這種方式與供應商緊密合作。這是源於蘋果希望大家一起變成一流公司、只生產頂尖產品的熱情。

3 幫我開門，我是這裡的員工！

如果要選出一個蘋果的象徵物，我想介紹蘋果園區（Apple Park）。蘋果總部原本位於加州聖塔克拉拉郡的城市——庫比蒂諾（Cupertino），後來賈伯斯購買了離 Infinite Loop（按：蘋果舊總部）有一．六公里遠的惠普（Hewlett Packard）的土地，改變了總部位置（當時為了獲得建築許可，賈伯斯還親自到庫比蒂諾市議會發表蘋果園區的工程計畫，可惜幾個月後他就因胰腺癌離世）。

占地一百七十五英畝的蘋果園區，外形酷似圓環的太空船，該建築有四層樓，高十三公尺，整棟建築物以八百片巨大的曲面玻璃圍繞，此外，本區八成以上的土地，種植了六千多棵樹，彷彿置身於森林之中。蘋果園區可容納一萬兩千人，但無法讓所有員工都進入，因此許多部門分散在庫比蒂諾和森尼韋爾附近的建築物裡。在蘋果工作期間，我的辦公室就在以前總部 Infinite Loop 的對面，而合作的團隊大部分都在蘋果園區，因此每天都要搭乘接駁車往返好幾次。

由於員工分散各地，所以蘋果園區的出入管控非常嚴格。若要進出蘋果園區，必須提交出入申請書，裡面詳細記錄我執行哪項專案、與哪個部門的誰合作、為什麼需要合作等內容，而且該申請書必須獲得相關許可，才能進入園區內（甚至只能進入與我合作的那個部門的所在區域）。

還記得，我進公司約滿六個月時，為了與合作的工程部開會而前往蘋果園區。想當然耳，我已經提交出入申請，也獲得了許可，但是當我在出入區域的厚重玻璃門前掃描員工識別證時，突然亮起紅燈，還響起了警告聲。

一天要進出好幾次的區域突然進不去，令我瞬間慌張不已，而那天恰巧附近沒有其他員工經過，我也求助無門。雖然我已經傳訊息給合作的工程師，但對方正在開會，無法出來幫我，結果我就在玻璃門外等了超過十分鐘才成功進去。後來我才知道，蘋果的出入證只要過六個月就必須重新申請。

像史蒂夫·賈伯斯劇院（Steve Jobs Theater，位於蘋果園區的一座山頂上，用於舉行蘋果公司產品、新聞發布會，可容納一千人）這種管制空間，就算你身為員工，也只能在一年一度的活動日進入。

蘋果為什麼在管理員工的出入上，要做到這種程度？你應該能猜到——就是為了保密，每六個月更新一次許可證雖然很麻煩，但從沒有任何人抱怨，員工們也認為，保密是能守護公司的最基本條件。

4 不要太好奇，你可能會受傷

賈伯斯生前每次召開全體員工會議時，都會以嚴厲的語氣強調保密的重要性：「如果此次會議中提到的任何資訊外流，我們將找出洩密的人，讓他受到公司法務組所能採取最嚴峻的刑事處罰。」

這是一種恐嚇，暗示蘋果不僅會嚴正地處置外部人士的竊取，更會嚴懲內部人士的外流（蘋果還有賣一種員工Ｔ恤，上面印有「我拜訪了蘋果公司總部，我只能說到這裡了」〔I visited the Apple campus. But that's all I'm allowed to say〕）。

進入蘋果後，一旦確定負責開發產品的專案，首先要申請相關專案的揭祕（disclosure），然後在得到相關部門經理、專案經理和總監的揭祕許可後，才能閱覽資料。

不過，即使獲得了這個許可，也無法閱覽參與開發的產品的所有資訊，連會議也是如此。就算我負責產品 A 的相機部分，還是不能參加產品 A 的電池、感應器和其他部分的會議（專案名稱也是用代碼，而非產品名稱，所以我連那是否與我負責的產品有關都不知道）。

在批准某個專案的揭祕許可時，公司首先會討論「該員工是否非知道該資訊不可」，也就是說，如果不是在執行業務時一定會用到的資訊，基本上公司就不會分享。

為了提升業務的透明度，必須分享資訊？這種思考方式在蘋果是行不通的；換句話說，其他人沒有必要知道，也沒有義務知道（有人針對「不是非知道不可的資訊就絕對不分享」的經營原則，把蘋果比喻為如恐怖分子般的「點組織」〔按：只有部分成員之間存在稀疏連結，繪製組織圖時，大多數成員僅以點來標記。由於成員之間的關聯極為有限，「斷尾」（切斷與某成員聯繫）的後果小，因此許多點組織為祕密結社或犯罪組織〕）。

蘋果會告知員工，一旦被發現不遵守保密規定就會告發，特別規勸員工，連對家人都不要說出自己負責開發產品的設計、規格、上市日期等資訊。這是因為，要是家人將相關資訊或照片上傳到社交平臺上，可能會釀成一件關乎公司存亡的大型事件。事實上，就曾經有一名員工的子女將正在開發的專案上傳到社交平臺，意外曝光產品資訊，導致該員工被辭退。

如此嚴格的保密規定，並不僅限於蘋果員工，眾多供應商和組裝公司的員工也要謹守。我曾去拜訪亞洲的供應商和組裝機構，兩家工廠雖然位於不同國家、完全沒有關聯，但保密規範和進出程序相同。事前會確認進出者的身分，確認許可後，電話或隨身物品都會被另外保管，然後用金屬探測器掃描出入者身上每個部位，從頭頂到鞋底都不放過。

沒有一位員工對這一過程感到不悅，不僅供應商的工程師如此，連只是單純組裝的勞工也會接受徹底的保密教育。

這種**極高的保密性，提高了媒體和大眾對新產品的期待**，因為一般人的心理是，被藏得越嚴實的東西，越讓人想知道，所以越是隱藏，反而越能引起媒體的關注，也能引起消費者的好奇心。這種關注和好奇心，成了蘋果創造銷售的機會。

因此，在產品上市前，對於相關資訊徹底保密是行銷基本中的基本。可能會有人覺得蘋果在這方面獨樹一格，不過其實很常看到因為疏於保密，導致新產品資訊在上市前就洩露，因而嚴重衝擊銷售的事件。因此，像蘋果這樣將保密做到如此極端，就是一流公司維持其力量、占據競爭優勢的必要條件。

5 賈伯斯之後，蘋果改變方針

賈伯斯帶領的蘋果是一間根據其直覺、以創意引領創新的企業。早期的蘋果在大眾還沒意識到自己的需求之前，就開發出搭載大眾需要的功能、既時尚又具指標性的產品，因此賈伯斯去世後，人們都對蘋果的未來抱持悲觀態度。

然而，後來蘋果的股價卻翻了超過五倍，躋身世界頂尖科技公司的行列。話雖如此，少了賈伯斯的蘋果，再也無法像以前那樣以創意興起革命。但是，庫克所帶領的蘋果將重點放在能穩定支撐品牌價值的「執行力」上，延續著蘋果在技術方面的知名度。

雖然有些國際級雜誌嚴厲地批判：「我們無法再期待蘋果推出革命性產品。」但我並不那麼認為。蘋果僅僅改變了公司的方向，如果說之前是集中在產品的創新功能，那麼現在則集中於穩定的 iOS 生態系（Ecosystem）功能。

比方說，看智慧型手機的顯示功能就會知道，蘋果並不是第一個推出永遠顯示（Always On Display，即使不喚醒手機，螢幕上也會持續顯示時間、天氣、通知）、穿孔螢幕（Hole Display，只在螢幕上端保留相機鏡頭，整體都是顯示器）、螢幕上（On-screen）指紋辨識等功能。

簡單來說，現在蘋果的首要目標並不是比其他公司更早搭載這些新功能，他們不會為了搶先推出新功能，就把品質不完美的產品拿出來亮相，因為他們認為，在執行上遇到的任何一點小問題或不便，都可能破壞蘋果的品牌價值。

蘋果用戶持續購買蘋果產品的原因是 iOS 穩定的生態系。蘋果最先考慮的是讓使用自家產品的用戶，能在蘋果的生態系中流暢地享受硬體、軟體、應用程式甚至服務，比如說，將 iPhone、AirPods、Apple Watch、HomePod（智慧型喇叭）、iPad、MacBook、Apple TV 同步串聯，彷彿能在不同產品上持續做同一件事。想要達到這點，就必須先將產品做到完美。

因此，蘋果比任何一間公司都更徹底執行技術驗證和可靠度評估標準。舉例來說，在可靠度評估中，只要開發中產品出現任何一點小問題，他們就不會大量生產。蘋果不會抱著「我們一定要先推出」的想法，等推出後才來補救，蘋果現在的座右銘是，絕對不會將不完美的產品交給用戶。

第五章

在冷酷無情的評價中活下來

1 蘋果人必備的三項特質

在蘋果工作時，有個問題每天都會聽到好幾次：「這個項目的ＤＲＩ是誰？」（Who is the DRI for this action item?）

這裡提到的ＤＲＩ（Direct Responsible Individual），指的是「直接」負責某項業務的人，也就是業務負責人（蘋果也稱負責人為管家）。在大部分公司，找出負責人大多是為了究責，但在蘋果並非如此。蘋果會根據開發專案仔細劃分負責人，其實這只是字面上的意思，純粹為了確認負責人是誰才問的。

但是，從某種角度來看，這句話聽起來比單純的究責更可怕。由於負責人劃分得很仔細，所以各部門和員工的角色極為明確，隨之而來的責任也很重大（蘋果認為，為了將工作效率提升到最高，明確區分責任歸屬是很自然的工作流程

〔work stream〕）。得益於此，業務界線非常明確，各部門幾乎不會爭吵，但如果無法確實執行職責，那個人也難以逃避責任。

蘋果長期開發硬體，在製造和生產革命性產品的過程中經歷許多試錯，蘋果透過這些經驗，將「不能容忍絲毫誤差」的強迫症作為公司綱領，所以，他們的工作方針不是「盡全力」，而是「達到完美」，並以此驅使員工。

正因如此，在蘋果工作的人有三個共同點。

第一，目的明確。公司的目標是成功開發新產品，然後在適當的時機上市，賺取利潤。只不過，在一般公司裡，這些目標很難直接延續到員工身上，同時延伸為員工的目標，然而，在蘋果並非如此。蘋果員工帶著明確的目的：要開發並推出世界上最頂尖的產品，而且這種明確的目的意識，成為他們承受嚴苛業務量的原動力。

第二，具備工作的動機。「協助開發全世界數億人使用的全球頂尖產品」這個自豪感驅動蘋果的ＤＲＩ。之前一起工作的同事或主管，常常將「等這次專案結束後，我想休息一下」這句話掛在嘴邊，但是僅憑在蘋果上班的自豪感，就讓他們堅持了一年、三年，甚至十年，而且總是像剛進公司那樣滿懷熱情。

第三，自己是工作的主體。在蘋果，尋求解決問題的方法時，如果回答「不可能」或「我最多只能做到這樣」，就無法生存下去。因此，面對自己負責的所有事情，都應該積極研究解決方案、尋找對策；再加上，蘋果的基本步調是，就算是參考主管或同事的建議而做的決定，最終該擔負一切的依然是負責人，所以如果沒有成為工作的主體，就很難在蘋果工作。

我認為無論從事何種職業，工作的人都應該具備這三個基本條件，但是環顧身邊，連只具備其中一項的人都很難找到；換句話說，如果你具備了這三項，任何地方都會歡迎你。

Steve Jobs by Walter Isaacson

2 不是網紅，也要懂得推銷自己

蘋果每年九月都會進行為期兩個月的人事評估面談。蘋果的人事評估（從表面上看）比其他公司簡單，因為只會評估結果（result）、團隊合作（teamwork）、創新（innovation）三個方面，各方面的評分可分成三分（超出期待）、兩分（達到期待）、一分（不及期待）。

舉例來說，作為人事評估的對象，員工 A 會先在這三個方面做自我評估，並在人事系統中寫出自己過去一年達到的績效摘要；同時也會請曾經合作的同事寫下對自己工作的回饋（評價），那麼同事們就會把寫好的回饋傳給 A 的經理。接著，經理將會以這些為基礎，評估 A 在結果、團隊合作、創新等方面的績效，以此決定加薪、現金紅利（加薪時支付）和紅利股票（非現金紅利，以蘋果股票的形式支付）。

經理在評估部員時，相當看重他們與核心小組成員的合作情況，因此經理會要求核心小組的其他負責人評估自己的部員；另外，還會檢視部屬在工程部、產品設計部、製造部的會議上，是如何準備及呈現報告。

工作能力卓越、合作態度優良的員工，肯定會得到身邊人士的好評；相反地，工作能力低落、合作態度有問題的人，身邊人士的回饋也不會好。經理會透過這個方式全方位確認其他人對部員的評價，再比較部員的自我評估，將這些回饋綜合起來後，分享給當事人。

由於人事評估進行得非常密集，所以評估內容也相當具體，比方說，A是否需要更積極地提出自己的意見？A是否完美填補了離職同事的空缺？A準備的備忘稿資訊是否足夠明確？內容非常詳盡。

那麼，如果想在蘋果得到更好的評價，該怎麼做呢？

首先，**要懂得吸引別人的目光**。舉例來說，我所屬組織的總監想讓我升遷，但如果我在組織裡的存在感並不強，那其他總監就會說：「我連他是誰都不知道，為什麼要提拔在組織裡沒有影響力的人？」因此，在蘋果（及大部分美國公司），有條有理地表達自己的意見、支援同事、做出完整的報告資料，這些能力固然重要，但更重要是必須**具備推銷自己的能力**。

另一件重要的事，就是要**養成找事情來做的習慣**。在進入蘋果後，我在找我負責的第一個專案的資料時，看到以前的團隊並沒有把開發資料整理好，而是散落在各處。雖然部員都認為那些資料應該要整理，卻因為不是自己的事情，再加上已經有很多工作要做，所以都裝作沒看到。

不過，我認為這是一件該做的事情，於是就在幾週內利用個人時間，將多年的資料按年度和產品類別整理好，然後在可靠度組織的總監報告會議上分享。多虧我有這麼做，才能向主管和同事展示我的能力和熱情。

在蘋果，若看到很有做事頭腦的員工獲得主管認可，我也會想要跟他們學習，參考他們執行、分析、報告和合作能力，發展成屬於自己的業務風格，點燃「我也想成為有做事頭腦的人」的渴望。

雖然我不是個性外向、積極的人，但我不想只是埋怨自己的性格，待在舒適圈內安於現狀，因此，我開始以「先做再說」的態度積極工作，也向身邊的人展示我的能力。只要從小事開始，一點、一點慢慢嘗試，就會逐漸培養出自信。堅持久了，就可能在不知不覺間發覺，自己已經獲得公司的認可，並且正在成長。

3 公司不會等待你

一般公司評估員工的能力時，會分為兩個面向，一種是目前能力很強的員工，另一種是雖然目前結果不突出、但具有成長潛力的員工。大部分公司都根據後者的面向來評估員工，但蘋果並非如此，蘋果重視員工是否現在就具備公司需要的能力，並做出相對應的判斷。

因此，在蘋果經常能看到有人晉升為經理後沒過多久又降為部員，或是剛進來的部員馬上晉升為經理。如果你現在的能力獲得驗證，就會先晉升，但如果無法適應，就會毫不留情地更換。

這種即時調整人事的方式，告訴員工一個明確的訊息：「公司不會等你。」也就是說，為員工著想並不在考慮範圍內。因此，在蘋果很難找到「少一根筋」

的人。能做的時候就要做到好。

但是，這種嚴苛的評估並非全然不好，因為蘋果提供的晉升機會，在那些看重資歷更勝於實力的公司裡，絕對找不到。我在蘋果工作時，目標是展現出我有足夠能力，能處理比我高一個階級的業務量，換句話說，就是不僅要關注自己負責的開發專案，還要關注其他專案，證明我能以更寬廣的眼光解決問題。

比方說，雖然我的業務是只跟 A 供應商執行開發專案，但我時常與 B、C 供應商的開發專案負責人交換資訊，努力提出綜合性的解決方案；而且，與其他開發專案重複的業務，我傾向一次解決，努力提高整個團隊的業務效率。得益於此，我在總監報告會議上能夠提出有深度的問題和評論，因此得到了上層的關注，他們也為我創造許多機會，讓我得以更加成長。

4 組成自己的「圈內人」

一般來說，晉升到領導者或管理階級的人，普遍會重用值得信賴的人，然後透過他們來培養自己的影響力。如果在這時拉攏人才，讓他成為自己人，那自己和團隊的績效肯定會透過他而提升。

在蘋果也是如此。只要是領導團隊的負責人，他的雷達網總是一直開著，拉攏其他有能力的員工成為自己人。

達到總監或副總經理級別的人，這種傾向會更明顯。他們會先用人才組成自己的圈內人（inner circle），等自己升到更高的位置後，就讓圈內人為了繼承自己現在的位置而競爭，這是一種擴大自身領域的準備過程。因為自己的圈內人必須把工作做好，才能晉升到更高的位置、發揮更大的影響力。

相對的，沒有成為圈內人的員工即使能力出眾，也可能被組織疏遠。那麼，若想成為有能者的圈內人，該怎麼做？

首先，要懂得預測主管在業務方面想要詢問你的問題，然後提前說出來；不僅如此，還要能聰明地提前解決、準備你預測主管要指示的業務。這樣的經驗累積多了之後，主管就會信賴你，認為可以把你當成自己的代理人，去參與重要的會議。

然而，在此之前，還有一件更重要的事情，就是要先思考你想為誰而做、選哪一邊站，你跟隨的經理是否有能力登上更高的職位，最終將決定你在公司內的位置。

像這樣的政治算計也會出現在蘋果。有些部門會因為領導者的能力和影響力，而擁有更多決策權；相反地，有些部門付出了努力卻得不到應有的獎賞，這種情況會形成一種惡性循環，因為其他部門的人也想去有權者的團隊，所以只要一出現空缺，大家都會湧進；另一方面，如果待在缺乏影響力的領導者之下，員工一有機會就會想辦法離開。

有做事頭腦的人會認出有做事頭腦的人。從這個角度來看，在蘋果中選邊站，不僅僅是為了透過處世之道在公司生存，還是為了能更有效地提高彼此的能力，藉此抬高各自身價的策略。

5 紅利股票，是員工的自尊心

谷歌、Meta、亞馬遜等美國科技公司，都會為了激勵有能力的員工、讓他們長期效力，而提供股票作為誘因，這被稱為紅利股票，不同於原本的薪水與現金紅利。

蘋果也有這樣的制度，入職時會根據當時的股票價格分配一定股數，但不會馬上發放，而是會在四年的期間內，每六個月支付一部分。比方說，如果在入職時獲得一千兩百股的蘋果股票，那麼每六個月就會收到一百五十股，持續四年；另外，還會根據每年九月定期人事評估結果，提供一定數量的紅利股票，這也將在四年內，每六個月支付一部分。

雖然薪水和現金紅利的金額是固定的，但只要公司價值上漲，股票就會一起上漲，因此員工非常喜歡紅利股票。

前面提過，經理會根據人事評估結果將員工分級，然後依據級別決定薪水和現金紅利的調漲程度，同時也會分配紅利股票。一般來說，加薪幅度大概是二到五%，現金紅利調升的機率也不高，因此，在人事評估中獲得高分和沒有獲得高分的員工，加薪的差距並不大；但是，兩者紅利股票的差距卻會非常大，紅利股票會根據績效和貢獻程度發放給各部門，再由經理根據員工的人事評估結果，發放部門分配到的紅利股票。

蘋果發放紅利股票的原因很單純，就是為了防止有能力的人才流失，並鼓勵他們長期在蘋果工作。因此，經理在將紅利股票發放給員工時，會自問希望留下哪些成員，再做決定（在「結果、團隊合作、創新」中，只要有一項是一分就不能得到紅利股票），等於是在問，如果團隊中只能留下一人，自己會選擇誰。

以這種方式排出想留在團隊的員工順位後，就會根據名次發放部門分配到的股票。因此，有些員工得到的紅利股票比薪水還多，有些員工則完全拿不到。不過，此時還會出現一種情況，有的人儘管能力很強，卻因為與主管關係不好，導致能領到的紅利股票很少。

一般人會以為美國公司沒有那種巴結上司、拉攏結派的文化，只要工作能力強就能平步青雲，但事實並非如此。

在美國公司中，必須表現出對上司的忠誠度，建立相互信賴的關係，因此也要把維持關係視為業務的一部分，在這方面多花心思。

6 想在這裡存活，你必須夠「靈活」

Axios 是世上最受矚目的新聞媒體，執行長吉姆・范德海（Jim VandeHei）在著作《聰明簡潔的溝通》（*Smart Brevity*）中表示，他們以 Slack（團隊溝通平臺）的統計數據為基礎，發現在員工人數達一萬人左右的公司，員工把五成到六成的工作時間花在溝通上；也就是說，想讓工作有效率，就必須具備良好的溝通能力，但這似乎不只適用於員工人數多的情況。

總而言之，在蘋果想把工作做好，也必須具備良好的溝通能力。但是，我想把這種能力改個名字，稱作「靈活度」。

正如前面所述，在蘋果需要合作的事情很多，而在合作的過程中，必須在很短的時間內討論大量的資料、交換意見並做出決定，因此大家經常在敏感的狀態下，指責彼此的資料或意見。在這種時候，如果缺乏靈活度，很容易會帶著情緒處理事情。我敢保證，在蘋果裡要是帶著情緒處理事情，連一週都很難撐過去。

如果一直被同事指責，後來肯定會逐漸失去對工作的信心，最終很有可能會放棄工作或變成任同事擺布的好好先生，但是這樣一來，自己的位置在公司消失只是遲早的事；相反地，如果都不考慮同事的指責或意見，一味按照自己的想法做事，就會變成公司的頭痛人物。不管怎麼說，只要不能靈活應對，到頭來不僅會吞噬自己，還會造成同事的麻煩。

那麼，該如何培養靈活度？其實，只要擁有尊重他人的心就能有所幫助。

我在可靠度組織工作，要和其他部門合作的部分非常多，因此常常被指責，也會需要指責別人。在這個過程中，我也遇到了難題，不禁心想：「他為什麼要那樣子說話？我明明提出了解決方案，他幹麼要繼續刁難我？」但每次遇到這種情況，我都不讓自己被情緒牽著走，而是致力於獲取同事的信任，成功建立起不錯的風評，這都是因為我保持著尊重對方的心。

也許有人會質疑：「靈活度和尊重有什麼關係？」但其實，兩者之間有很深的關聯。這是因為只要尊重對方，就能壓抑過於激動的情緒，進而靈活應對。我們很容易因為工作內容和角色差異，而只專注於各自的目標上，這樣到後來就很容易失去尊重的心意，而是粗暴地溝通。不過，公司的業務或專案絕非單靠個人的努力就能做到，而是在全體員工合作時才能完成。如果能靈活應對過程中必然產生的意見衝突，就能發揮巨大的綜效。

正因如此，那些忽略同事之間的溝通、獨斷專行的人，很難在蘋果立足。帶著「這是我的工作，你為什麼要指責我？」這種狹隘的想法，在任何地方都不會受歡迎。因此，如果想成為別人樂意一起共事的同事，就要具備靈活的態度，心甘情願地接受正確的指責和意見，這麼一來，四面八方的人都會想和你一起工作。

7 經理和部屬間的關係

最近很多公司都在實施「部員評估經理」的制度，但是蘋果並沒有正式的程序或方法，能讓員工評價經理的業務並給予回饋。據我推測，在按照執行長的指示、行動井然有序的開發組織中，如果是由部員評價經理，就很難做出自上而下的決策，因此即使以部屬的角度來看，認為自己受到不公平的待遇，也很難提出異議。

當然，蘋果高層在一定程度上也知道這一點，所以正在不斷更新相關內容，讓經理在評估員工時使用部員能夠接受、客觀且雙方有共識的評估系統。最重要的是，選定實力獲得所有人認可的員工作為經理，營造出部屬自願跟隨他的氛圍。

正因蘋果是這樣的架構，所以蘋果的經理不像一般事業體組織一樣，屬於管理多種人力的管理型領導者，他們在自己負責的技術領域深耕已久，是能力獲得認可後晉升的人。因此，若想在蘋果晉升為經理，最重要的是具備卓越的實力。蘋果會讓有做事頭腦的人之中，最頂尖的員工晉升為經理，這導致許多經理雖然擁有強大的職能天賦，卻缺乏管理和統率部員的能力，常無法解決那些需要透過充分的溝通、與組員建立信賴關係，才能解決的問題。

曾有一位工程師，與我在核心小組合作，交情很好，每次跟我聊起私人話題時，他都會提到自己和經理的關係不佳，使他相當辛苦。

他說，他的經理是個年輕人才，讀完研究所後立刻進入蘋果，沒多久就快速晉升，雖然事情都處理得很完美，但性格急躁，經常向部員施壓；再加上經理之前就已經跟其他部屬有過多次衝突，因此，他曾經為了消弭彼此的不滿而要求向經理面談，然而，那位經理沒有為了調解衝突或增強團隊合作，而付出任何一點努力。最終，那位工程師申請內部調動，轉移到其他部門，而其他部屬也在一、兩年內全部離開。

我現在在 Meta 擔任經理的帶人方式，正是以在蘋果經歷過的經理角色為基礎，努力與部員建立信賴關係，這是因為如果經理和部員之間能形成心理安全性（psychological safety），經理就可以發揮領導能力，帶領團隊合作，而部員也能自動自發地激勵自己，發揮最大的潛力，彼此也能在工作上互相給予具建設性的回饋和建議。

我認為，最優秀的部長不僅具備技術眼光，還會真心地為部員著想、試圖溝通。我們不是機器人，如果要共事，就要努力溝通，要做到這點，才能將團隊整體的實力提升到最強。

第六章

你要不忍，要不就滾

1 去蘋果面試，會遇到這種情況

韓國公司通常會有一段公開招募人才的期間，但美國大部分公司並非如此。每當公司出現新職缺時，會發布招募公告，或由人事部在徵才網站上尋找合適的人力，然後寄出工作邀約。我屬於後者，蘋果人資看到我在 LinkedIn 上的簡歷後，提出面試邀約，我便接受了。

蘋果的招聘面試分三階段進行。與人資的電話面試結束後，就會與想要聘用我的經理進行電話面試，一旦通過了，便在蘋果公司總部面對面面試。與人資的面試約為三十分鐘左右，人資會簡單聊到招聘人員應該具備的能力和我想要轉職的原因等，之後只有看起來符合基本條件的應試者，才能接到招聘經理的面試。

與招聘經理的電話面試會進行一小時左右，對方會確認簡歷中提到的內容是否屬實、應試者是否具備蘋果要求的素質、在目前就職的公司實際負責什麼業務、是否具備相關領域的專業技術等。

我在面試時最印象深刻的部分是，在一般的招聘面試中，面試官通常會詢問與應試者目前負責業務的相關知識，但蘋果卻詢問工作順序，以及該領域發生問題時會如何解決等，他們試圖檢驗應試者是否為真正的「專家」。

如果順利通過與經理的電話面試，就會在當時的蘋果公司總部）進行 On-Site 面試，On-Site 面試是與八名面試官，分別一對一面談四十五分鐘，因此，來自其他地區或國家的應試者必須在這裡待上一整天。面試官會由可靠度組織、工程部、製造部、產品設計部的業務負責人、經理、總監組成，綜合評估應試者的技術知識、經驗、性格、資質、溝通能力等。

由於每位面試官都是初次見面，而且這些人的任務都是要評價自己，因此，與八個人分別面試四十五分鐘，固然是件令人窒息的事。但我認為這是一個了解彼此的好機會，所以我帶著愉快的心情參加。

其中有一個特別有趣的經歷，是一位負責人一見到我就說：「可以請你拿起會議室裡的白板筆嗎？」然後接著說：「我給你三分鐘，請說明大量生產白板筆時，可能出現的故障和解決方案。」

他想看我會如何應對意想不到的問題，而且，我當時的回答似乎令他印象深刻，在 On-Site 面試的過程中，我還收到了其他管理者也想和我聊聊的邀約，於是我又進行了兩次電話面試，真是一段緊湊又縝密的面試過程。

在蘋果工作期間，我也曾以面試官的身分面對過應試者，那時我才知道了兩件事。第一，在 On-Site 面試中，即使只有一個面試官認為該求職者不合格，那個人依然會被判定為「無法錄取」，代表八名面試官都必須一致同意，對方才能被錄取；第二，比起應試者的技術專業程度和溝通能力，蘋果更看重應試者能否適應蘋果獨特的企業文化，並藉其取得成果。

一般公司在招聘員工時，最重視的是應試者的專業能力、經驗與溝通能力。不過，要是無法忍受入職公司的文化，那麼能力再強也無法發揮。事實上，有很多員工因為專業能力很強，加入蘋果後的表現眾所矚目，但他們卻無法適應蘋果的企業文化，以至於入社沒多久就辭職（和我同一時期進入公司的人當中，三成的人在一年左右後辭職）。

某位工程師跟我同時期加入可靠度組織，卻在入職一年後辭職，而且他還是為了保留入職時收到的簽約獎金（signing bonus，給剛加入的員工的一次性獎金，若在一年內辭職就要繳回）而拚命撐過一年。那位工程師抱怨，他在各方面都遇到困難，尤其他覺得自己可能會因為工作量不堪負荷，進而失去家人和朋友；這就表示，能在這裡堅持很久的員工算是蘋果的高階人才。

我想對正在找工作的人說：招聘面試雖然是以公司的層級觀察應試者是否適合公司，但同時，應試者也該觀察該公司是否值得選擇，因此，向面試官展現自己的能力和可能性固然重要；但也一定要試著轉換觀點，觀察公司的能力和可能性。要做到這點，才不會浪費精力和時間，進而累積輝煌的經歷。

2 進入公司後的文化衝擊

進入蘋果的第一年，是為了「生存」而適應的期間。每天早上起床都會收到一百多封工作郵件，沒有一封是可以讀完就忽略的。這導致我越來越害怕打開信箱，再加上群組內總是會有一連串詢問或要求的訊息，如果不能馬上轉介到其他人身上，那麼在很短的時間內就會出現與我的本意不同的結果，或者事情就進入下一個階段，久而久之，就出現了不是我的責任、卻由我揹黑鍋的情況。

有過幾次這種險惡的經驗後，我養成了再忙也要立刻回覆群組訊息的習慣，另外也摸索出屬於自己的生存策略：我會先在群組中說出希望事情進行的方向，然後觀察別人的反應，由於我平時會提前掌握其他部門的進展狀況和議題，因此可以快速理解群組中的對話脈絡。

最難適應的是，當其他部門在尋找ＤＲＩ時，先不要緊張。有件事至今還令我印象深刻，第一次和產品設計組開會時，當時產品設計組像鬣狗一樣，不斷逼問可靠度結果和故障原因（現在回想，我覺得當時有很多問題太過分了）。

他們逼問了很久，把我的底細都探得差不多後才稍微緩和下來，並要求我在下次會議之前更新他們要求的事項。那場會議結束後，我呆坐在原位好一陣子。雖然現在能笑著說出來，但當時的我很擔心自己無法適應蘋果。

更何況，蘋果沒有教菜鳥怎麼工作的新人訓練，甚至會催促剛入職的員工立即提供資料（文字訊息不分晝夜地出現）；以我的情況來講，我的前輩在我剛進公司後就辭職了，所以別說是得到他的幫助，我還要接手他的業務，因此只能獨自碰壁、嘗試，這樣子適應蘋果。

不過，如此堅持了一年後，我漸漸產生了韌性，在蘋果累積的各種經驗，最終豐富了我的履歷。

3 工作狂也會累，怎麼不職業倦怠？

一直追求蘋果要求的完美主義，到最後十之八九會變成工作狂。成了工作狂後，自然而然又會出現職業倦怠，大部分人都會在這時候被擊倒，但其中也有生存到最後的，也就是——有智慧地使用時間的人。

我也是個公認的工作狂，除了睡覺以外的時間都埋首於工作，甚至在剛進蘋果的前幾個月，一度因為過於擔心工作，連覺都睡不好。這種狀況持續久了，健康亮起紅燈，倦怠的症狀也逐一出現，吃什麼都無法好好消化，久了則變得沒有胃口；雖然剛開始做事時充滿幹勁，但很快就會疲乏。

我覺得再這樣下去實在不行，於是開始觀察長期待在蘋果、卻依然看起來十分健康的前輩，且從他們身上發現了幾個共同點。

首先，他們不會拖延。如果無法在當天完成該做的事，那份壓力將會延續到工作外的時間或第二天，就算自己覺得第二天的工作效率會提升，也只是錯覺。

這麼說來，如果不想拖延，該怎麼辦？只要別浪費時間就行了。蘋果有工作頭腦的人都使用一個方法，就是**把時間切割得很細，額外挪出自己可以專注的時間**。比方說，上午九點到九點三十分，無論發生什麼事，都完全專注在自己的工作上；這麼一來，自然就能確定工作的優先順序，明顯減少拖延的情況。

他們也會花心思經營與同事的關係。比方說，在同事求助時欣然答應，那麼當自己未來需要幫助的時候，向同事開口也會變得容易，這麼做的好處是，可以更有效地獲得業務上需要的資訊，也能順利與同事合作處理事情。

互助合作是在任何文化都適用的美德，尤其，與經驗豐富的資深工程師保持良好關係，就可以尋求跟技術知識、問題解決方向相關的建議。畢竟，他們能在蘋果工作很久，肯定是有自己獨特的生存方式和祕訣。尋求同事的幫助或建議時，千萬不要遲疑，否則就只會停留在同一個位置上。

我也是用這個方法逐步克服職業倦怠，因此才能在蘋果這種「一年工作強度＝普通公司六年」的高壓環境下，堅持了四年的時間。

4 別離開，在裡面找找看

進入公司後，如果好幾年都只在同一個部門執行類似專案，勢必會有停滯不前的感受。假如渴望挑戰新事物，通常會把目光轉向其他公司而選擇辭職。

為了防止這種情況，蘋果在對外發布招募公告時，也會同步把消息放在內部公告版上。

為了盡可能減少人力外流，蘋果允許員工自由地在內部部門調動，所以若有員工想要應試，也會依循與外部應試者相同的步驟，倘若資格經過驗證，就會被允准調動部門。由於內部應試者非常了解蘋果的企業文化，因此比起雇用新人，公司也更偏好准許員工申請調動。

我在蘋果的這幾年，見過很多這樣的情況，而且大多數人在調動部門後都適應得很好，也感到滿意。

之所以決定調職，是因為他們的首要目標是離開所屬部門，比方說，與經理的關係不好、對工作不滿意、在部門內成長的機會有限等；這些人想調職的原因非常明確，再加上，他們會先充分了解在招人的部門，並與該部門經理口頭協商後才提出申請，所以自然會對新部門非常滿意。

申請內部轉調時，有些人會選擇與目前工作完全不同的部門，也有人前往與相似部門，比方說，從相機開發組轉移到相機量產組，或從 MacBook 產品設計轉移到 iPad 產品設計。

我認為這個制度非常有用。從公司的層面來看，這種制度能留下有能力的員工；而從員工的角度來看，比起進入新的公司，浪費時間和精力適應，在原本的公司擴大自己的能力、累積經驗，肯定更好。

我希望韓國公司也能積極引進這樣的制度。如果公司能為員工提供成長的機會，那員工將會全心全意提升自己的能力。為了做到這點，管理者堅定的哲學和意志比什麼都重要。蘋果的首席副總裁會確保員工在內部調動時，不會面臨任何損失。

別忘了，像蘋果這樣靈活運作的組織，才能讓員工和公司成長。

結語

工作時，我只考慮目的、溝通、過程

我在首爾大學取得碩士學位後，進入半導體公司上班。當時，所屬部門的部長對剛進入職場的我這個菜鳥工程師，提供一個建議：「志秀，開始工作之後，任何人都會有機會拓展自己的經歷，所以你要不斷培養自己的能力，不要懈怠，這樣才能在那時抓住機會。」

二十年後的今天，我在 Meta 擔任經理。多虧過去的努力，如今我的能力才能獲得公司認可，並快速晉升。在這段過程中，很多同事會向我傾訴工作上的煩惱，而每次我的建議都一樣：「在工作崗位上，只要考慮目的、溝通和過程就可以了。」

想把事情做好，最重要的是有「目的」，也就是清楚知道自己為什麼在做這件事。

每當我詢問向我諮詢業務的同事：「你在這間公司投入時間和精力，是想要得到什麼？」能立刻回答的人屈指可數（他們可是畢業於美國知名大學的人才）。我問的不僅僅是來公司上班的原因，我要問的是，你為什麼參加那場會議、為什麼要由你報告、為什麼要配合行程處理事情、為什麼要和那個廠商一起工作……工作的每時每刻都要有明確的目的，才能找到做出成果最有效的方法。

此外，還要具備「溝通能力」。

如果我建議對方要花心思溝通，他們通常會誤以為是要迎合同事、高層、廠商的喜好，跟所有人和睦相處（這種人對職場中的人際關係賦予太多意義），不過事實並非如此。我的意思是，不要展現自己的情緒，而是簡單地溝通。只要注意這一點，在公司內需要溝通和說服時，比方說向高層或主管報告、與愛挑剔的人協商、宣傳自己的成果時，都能更輕易達到目的。

最後，要熟練地掌握「過程」。

看看身邊，你會發現有很多人用奇怪的方式工作，比如交報告時，交了幾個差不多的開發企劃案，或者在報告資料中塞滿各種統計資料；另一方面，有些人即使面對毫無頭緒的複雜任務也能處理得很簡單，將數十頁報告資料清清楚楚地整理成一頁式簡報，兩者差異只有一個——後者是能看清工作本質的人。

我們每天早上起床後會洗臉、照鏡子，檢查臉上有沒有沾到東西、髮型是否正常。我希望這本書能成為許多上班族的鏡子。我抱持著這樣的心情，把在蘋果學到的所有東西扎實地收錄在這本書中。如果你正因為眼前的難題感到害怕和迷惘，我懇切地希望你在讀完這本書後，能得到幫助。

國家圖書館出版品預行編目（CIP）資料

在蘋果，我們以簡單為主：一流人才如何工作？蘋果、Meta、海力士，二十年矽谷工程師，揭開全球最神祕企業的內部運作機密。/ 朴志秀著；葛瑞絲譯 . -- 初版 . -- 新北市：方舟文化，遠足文化事業股份有限公司，2025.03

192 面；14.8 × 21 公分 . -- (職場方舟 ; 33)

譯自：애플에서는 단순하게 일합니다

ISBN 978-626-7596-51-7（平裝）

1.CST：工作簡化　2.CST：工作效率

3.CST：職場成功法

494.35　　114000173

職場方舟 0033

在蘋果，我們以簡單為主

一流人才如何工作？蘋果、Meta、海力士，二十年矽谷工程師，
揭開全球最神祕企業的內部運作機密。

作　　者　朴志秀
譯　　者　葛瑞絲
封面設計　卷里工作室 @gery.rabbit.studio
內頁設計　陳相蓉
主　　編　李芊芊
校對編輯　張祐唐
行　　銷　林舜婷
行銷經理　許文薰
總 編 輯　林淑雯

出 版 者　方舟文化／遠足文化事業股份有限公司
發　　行　遠足文化事業股份有限公司（讀書共和國出版集團）
231 新北市新店區民權路 108-2 號 9 樓
電話：（02）2218-1417　傳真：（02）8667-1851
劃撥帳號：19504465　戶名：遠足文化事業股份有限公司
客服專線 0800-221-029　E-MAIL service@bookrep.com.tw
網　　站　www.bookrep.com.tw
印　　製　呈靖彩藝有限公司
法律顧問　華洋法律事務所　蘇文生律師
定　　價　380 元
初版一刷　2025 年 3 月
初版三刷　2025 年 10 月

애플에서는 단순하게 일합니다
Secrets of a Top Company I Learned at Apple
Contradictions by 박지수 (Park Ji Soo, 朴志秀)

方舟文化官方網站　方舟文化讀者回函